新手爸媽的父母學講堂

腦科醫師教你掌握0~3歲關鍵期，
全方位奠定孩子成長基礎！

前言

想為甫出生的孩子，準備好幸福的未來！

看著呱呱墜地的小寶寶，相信每對父母都會希望他們能夠健康快樂地成長、茁壯。

生下來只要健健康康就好，祈求他們能夠沒有病痛地長大成人……，面對甫出生的孩子，家長僅有如此微小的心願。

然而，隨著小寶寶愈長愈大，父母內心對孩子的期望也會愈來愈高。

希望他們能夠頭好壯壯，聰明伶俐又擅長念書。

哪怕只有一項也好，很想從孩子身上發掘出拔群出萃的才華，並且加以發揚光大。

父母總會忍不住滿心雀躍地想像著孩子的未來。

為了盡可能讓孩子身上的各種可能性得以發揮，「**什麼是應該做的**」或「**什麼是不應該做的**」，對父母來說，是最需要注意的一件事。

在此同時，「因為自己不擅長念書，所以自己的孩子很可能也會吃苦」、「畢竟跟別人家的聰明小孩遺傳到的基因不同」等等，也有一些人會抱持著這樣的擔憂。

若內心有著「基因決定了孩子的未來」這種想法，做父母的難免會悲觀，甚至怪罪到自己身上。

然而，這些擔憂都是多餘的。

因為孩子的能力並不是一開始便決定好的。

父母平時對待孩子的方式，會大大地影響孩子身上能被發掘的能力，以及得以發揮的能力。

讓人生「建立在良好起點上」所需要的思考方式

在這個世界上，不光只有「有才華的孩子」和「沒有才華的孩子」這兩種孩子而已。

基本上，能力是可以後天栽培的，但在嬰幼兒時期，孩子無法靠自己去努力，因此父母對待孩子的方式會左右他們的後天發展。

那些能夠順利成長、茁壯的孩子，都是父母在他們小時候便奠定了良好的基礎。而要讓孩子能夠邁向幸福的康莊大道，我認為必須培養以下3項基礎條件：

- 擁有健全的身體
- 能夠深度思考
- 能夠融入社會與周遭的人事物

我過去曾在外國的醫院工作過一段時間，發現與國籍無關，有能力的人通常都具備這幾項能力。

只要擁有這3項能力，無論身處於何種環境之下，皆能有所成就。即使置身在語言、文化及價值觀皆不同的社會當中，仍能靈活地發揮自己的能力，站穩腳步活下去。

這些能力在長大成人以後，還是能夠加以培養，但必須付出莫大的努力。更何況，在長大成人的過程中，也有可能會因為缺乏它們，造成不必要的劣等感而失去自信心。

因此，在嬰幼兒時期父母是否能夠為孩子奠定這3項基礎，對他們的成長來說是非常重要的關鍵。

滿3歲前，要挑什麼時機、做些什麼才好？

寶寶在滿3歲前與滿3歲後會出現決定性的差異。那是因為在這個時期，孩子開始能自己說話，和別人進行互動。

本書針對語言與記憶力發展尚未穩定的3歲前寶寶，以我迄今為止的調查結果，以及實際成為父母後的親身體驗為中心，介紹父母在嬰幼兒時期必須著手進行的事項。

- 如何成為不容易畏懼的孩子？
- 如何養成早睡早起的習慣？
- 要在什麼時候開始念書給孩子聽？
- 身高開始成長時必須注意什麼？
- 什麼玩具有助於大腦發育？
- 管教孩子的時機？
- 如何鍛鍊運動神經？

若能在日常生活中好好實踐書中提及的這些事項，就能對孩子的大腦與身體發展有良好的影響。

歸功於大腦科學與醫學的進步，現今已經逐漸釐清父母對待孩子的方式，會對他們的成長帶來何種影響。

為了回應家長對孩子的「期待」，並減輕其「擔憂」，本書將借助醫學的力量，介紹0～3歲嬰幼兒的培育方式。

在後面的篇章裡，我會為各位具體說明如何在日常生活中培養出先前所提出的3項能力。

沒有完美的父母，重要的是掌握關鍵

我是在年滿46歲的3天前有了孩子。已經許久沒有聽到日本人晚婚、晚生，但我仍屬於比較晚的族群。

由於我是醫師，擁有嬰幼兒與育兒的基本知識，但一旦輪到自己實際當父母，常常會因為有了情感而無法順利進行。

這是育兒的樂趣，同時也是難處，親身體驗後更加有所體悟。

此外，雖然我專攻腦神經外科，但在醫療急救現場會有許多孩子，有乖乖坐在椅子上等待的孩子，也有在醫院走廊跑來跑去的孩子，還有努力忍著疼痛的孩子，或是能夠自行解釋症狀的孩子，孩子們的情緒控管和語言能力的程度各有不同。

其中，有些孩子的頭腦好得驚人，這些孩子是接受何種教育方式，而父母又下了什麼苦心，我對此一直感到十分好奇。

於是，我與專精於這個領域的朋友們，在2013年成立了智育協會，以發掘孩子的可能性為目的。

之後，我當了父母，在養育孩子的過程中，以驚人的速度接觸了各種事物，以及順利與不順利的經驗。

我想告訴各位，孩子的嬰幼兒時期是最為寶貴的時期。

話雖如此，以現實層面來說，這世上沒有比嬰幼兒還要難照顧的生物。「光是日常上的照顧便已經分身乏術，似乎無法再多做些什麼了……」想必也有不少人是抱著這種想法的。

這點請不用擔心。

本書只會提出日常生活上的注意事項與建議，不需要特別下苦心，也不會花費太多時間及金錢。

請各位放鬆下來，以輕鬆的心情去實踐即可。

第1章

對嬰幼兒的成長來說最重要的事情
──滿滿的愛與平日的刺激將成為基礎

第2章

想在3歲前強化身體，應養成哪些習慣？

——「睡眠」、「運動」、「飲食」的具體做法

第4章

不被牽著鼻子走！如何面對孩子的自我主張？

──害怕、好奇、鬧脾氣……該如何應對？

插畫 まえだゆずこ

第1章

對嬰幼兒的成長來說最重要的事情

滿滿的愛與平日的刺激將成為基礎

在嬰幼兒時期，父母能為孩子做些什麼？

為了讓孩子迎接美好的人生，需建立3項基礎條件

考慮到孩子的將來，若能建立「**擁有健全的身體**」、「**能夠深度思考**」及「**能夠融入社會與周遭的人事物**」這3項基礎條件，便能減去不少後顧之憂。只要3項基礎條件俱足，無論世界產生什麼變化，都能靈活地加以適應，過著幸福的人生。

接下來依序針對每個基礎條件進行說明。

「**擁有健全的身體**」意指身體健康，擁有應付日常生活不成問題的體力與肌力。運動就不用說了，像念書、遊玩及工作等，如果沒有健全的身體，也會發揮不出真正的實力。集中力與毅力等精神層面的強度，絕大部分也都是靠體力在支撐。

「**能夠深度思考**」意指在未知的狀況下，能靠自己去思考下一步，並實際採取行動。像「勇於挑戰新事物，盡自己最大的努力」、「陷入煩惱時，靠自己去找出最合理的答案」等，即使是微不足道的小事，仍必須展開「思考與行動」的訓練，並一再地累積經驗。

「**能夠融入社會與周遭的人事物**」意指，擁有不會遭到社會與群體排擠的倫理觀念與常識，以及不易在人際關係中嚐到挫敗的溝通能力。這項能力是為了讓自己在任何地方都能建立容身之處。

父母的對待方式會如實反映在孩子身上

這些能力有部分會隨著長大成人自然培養出來，但父母親在嬰幼兒時期的對待方式，佔據了極大的影響力。

平常的運動量、接收的刺激質量、與父母的溝通模式，會一一如實地反映出來。

3歲前的嬰幼兒能夠吸收的內容，全憑外界給予的刺激而定。大腦與身體在這個時期會快速發育，給予愈多良好的刺激，身體就愈茁壯，並且會開始自行思考，想與周遭互動的意願也隨之增加。

相反的，如果接收的刺激少，便不易培養體力與肌力，難以建立想要多看、多了解的好奇心，與人溝通所需的詞彙量也不易增加。

當然了，孩子的成長速度因人而異，必須再過一段時期才能清楚看出差異。即使比一般人晚學會說話，但只要在那之前給予充分的刺激，有些孩子從3歲左右起，便一口氣展現出良好的語言能力（若感到不安，在健檢或預防接種時，不妨向醫師或護理師詢問看看）。

盡可能讓孩子有個好的開始，他們自然就能產生自信，進而在往後得以順利成長。

此外，孩子們的個性大不相同。

為了讓他們的特性能對人生帶來助益，從嬰幼兒時期開始建立這3項基礎條件亦十分重要。

本書將以大腦專家的觀點來進行說明。

孩子的成長以身體發展為優先

先來了解從嬰兒時期到3歲前的成長順序

「擁有健全的身體」、「能夠深度思考」、「能夠融入社會與周遭的人事物」等能力，隨著寶寶大腦愈來愈茁壯，愈容易湊齊培養這些能力的條件。

嬰幼兒的大腦發展會按照以下的順序愈發活躍。

◎維持生命（0~1歲）

↓

◎建立智商（1歲前後）

←

◎想跟周遭的人互動（3歲前後）

來了解一下詳細內容吧！

【0～1歲】

由於這是所有生物為了存活而用盡全力的時期，所以身體成長的必要機制會優先開始運作。

嬰兒的大腦在這個時期，大部分都集中在含乳、睡眠、以哭泣來呼喚母親等維持生命的活動上，但他們仍是以自己的意識在活動，因此這些刺激能促進大腦發展。

【1歲前後】

會明顯表現出想要了解周遭事物的欲望。

能夠自己走路，會在更大的範圍中尋求刺激。

不光是運動量增加，語言的理解能力亦有所提升，大腦接收的資訊量也會增加，會開始表達自我。

【3歲前後】

開始會跟小朋友一起玩耍。

2歲左右時，就算跟其他小朋友待在一起，也只會獨自一個人玩耍，但在這個過程中，寶寶會慢慢摸索出與人相處的規則。

他們會從自我中心的思考模式，變得能夠揣測「他人」的情緒。

必須從0歲開始大量對寶寶說話的理由

這種傾向會伴隨嬰幼兒的成長而變得明顯起來，假如去觀察不同的孩子，便可發現他們多半是在與父母互動時受到影響。

舉例來說，「反正0歲嬰兒還聽不懂，跟他們說話只是多費唇舌」這種想法是不對的，假如父母滿懷著對孩子的愛、常常對孩子說話，在1歲左右，他們就對周遭產生旺盛的好奇心，也因此在3歲左右會變得在意「他人」的存在。

對嬰幼兒的成長來說最重要的事情
滿滿的愛與平日的刺激將成為基礎

為了建立「擁有健全的身體」、「能夠深度思考」、「能夠融入社會與周遭的人事物」這3項基礎條件，父母必須耐心地與孩子互動。

一看就懂！寶寶學會獨自站立的過程

在筆者還是學生時，背了一句口訣，內容是嬰兒從初生到1歲的成長過程，希望大家能作為參考。

如果能對孩子滿1歲前的成長過程有個整體概念，也會更加容易理解本書的內容。

口訣為「**哄音脖翻怕坐爬攀扶獨**」。

哄→哄、逗的時候會笑（2個月）
音→對聲音有反應（3個月）
脖→脖子變硬（4個月）
翻→懂得翻身（5個月）
怕→會怕生（6個月）
坐→能夠坐著（7個月）
爬→能夠爬行（8個月）
攀→能攀扶站立（9個月）
扶→能扶著東西行走（10個月）
獨→能獨自站立（12個月）

嬰兒的性格特質各異，應該也有不少孩子不按照這個過程成長。
有的寶寶很快脖子就變硬了，也有的遲遲不會走路。
因此不用太早擔心「自己的孩子是否發展遲緩」。

就算搶先其他孩子學會，也不保證日後就會特別有成就。請保持耐心，將成長過程的階段性里程碑當作參考即可。

嬰幼兒常有機會能在醫療機構中接受檢查，如1個月及3個月的健檢，以及預防接種等。如果有問題，不妨趁著這些機會，詢問醫師或護理師的意見。

嬰幼兒的肌肉愈發達，便會愈聰明

身體活動會促進大腦發展

即使是剛出生的嬰兒，也會透過**五感（視覺、聽覺、觸覺、嗅覺、味覺）**去感受身邊的各種事物。

當然，這時候他們還不會講話，也沒有記憶事物的能力。

那麼，頭蓋骨底下的大腦，到底是怎樣接收資訊的呢？

答案是，寶寶會去看、去聽、去摸、去聞、去舔，把當時的感覺傳達到大腦。

大腦則根據接收到的資訊，讓身體活動，促進腦部發展。

無論學說話還是學走路，都是「以身體為優先」

我們的大腦中有無數的神經細胞，負責處理透過五感接收到的資訊。

人類剛出生時的神經細胞數量最多。主要負責處理五感資訊的大腦皮層，其神經細胞數量推測有近140億個（但滿3歲前會逐漸減少）。

明明嬰兒的神經細胞遠比大人來得多，卻沒辦法說話、走路、寫字。

那是因為神經細胞間尚未連接起來，無法相互合作。

但是當寶寶運用五感、活動肌肉，讓身體傳送到大腦的資訊量變多以後，大腦便會發展出大量的「突觸」。

突觸是大腦神經細胞之間的「橋梁」，負責在神經細胞間交換資訊。

這些橋梁愈多，寶寶大腦中的神經網路便會愈發達。

神經細胞的網路變多，寶寶便會發展出各種能力，例如懂得叫「媽媽」、脖子會變硬、能扶著東西走路等。

0歲嬰兒的身體活動愈旺盛，便會愈聰明，因此可以說是「以身體為優先」。

經驗量及經驗傾向會塑造大腦的發展

從出生後的半年間，突觸會按照嬰兒的經驗量及經驗傾向快速增加，並且在1歲時達到高峰。

其後，突觸會經過整頓，大腦的神經網路開始有效率地運作。

所謂整頓，是指把不常用的突觸消除，保留經過反覆的經驗（刺激）而受到強化的突觸（嚴格來說，從1歲過後到長大成人，突觸仍會不斷增生，但因為減少的突觸比增加的多，因此整體來說還是在減少）。

因此，**跟嬰兒時期的癖好、習慣、喜好，或是出生後常做的事情有關的突觸，會較容易保留下來。**

大腦會配合我們剛出生時的身體去發展。

如果我們像興福寺的阿修羅像有6隻手臂，或是像蜈蚣一樣有很多隻腳，又或是有著大象的長鼻子，我們的大腦一樣能讓我們自在地操控它們。

大腦會按照身體受到的刺激量及刺激傾向，塑造出符合主人特性的模樣。

並不是大腦在支配我們的身體。
相反的，可以說是大腦在配合我們的身體去發展。

給予孩子滿滿的正向刺激

機會就在身邊！不用特別學才藝

嬰幼兒會用眼鼻等感覺器官，獲取各種外界的資訊。

最主要的感覺稱為五感，包括嗅覺、聽覺、視覺、味覺及觸覺。

五感與傳送到大腦的資訊量有密切的關係。

那麼具體來說，應該要給他們什麼樣的刺激呢？

可能有父母會想：「是不是讓孩子學個才藝比較好？」

「好像有英語的早期教育吧？」

的確是有那種做法。

但是，基本上來說，重視日常生活中的刺激，才是更為重要的。跟寶寶一起生活的過程中，可以讓他們充分體驗各式各樣不同的事物，請不要放過這些機會。

〈感官刺激〉飯菜的香氣、吹拂的微風、引擎的聲音等

大人有約8成的感官刺激都依賴視覺，不太會意識到其他感覺。平常早上起床時，你會聆聽窗外小鳥的叫聲、拍打窗戶的雨聲，或是留意早餐聞起來的味道嗎？

不單是在自己家裡，走出家門便會發現外面有著各式各樣的刺激。陽光、草木的香氣、汽車引擎聲，還有吹拂的微風……。

這些都是不用出遠門，甚至是在家中靠近窗邊就能感受到的刺激。布偶、塑膠袋、濕紙巾等，這些手邊就有、可以直接觸摸的東西，也能為大腦帶來良好的刺激。

對嬰幼兒來說，這些小小的刺激，每一個都是驚奇的新發現，請儘量讓他們感受各

種形形色色的刺激。

像我的做法是，在家不依賴空調，冷的時候就讓孩子穿厚冬衣，熱的時候就穿少一點，去做這樣的調整。偶爾也會關掉冷氣，讓孩子感受夏天的熱氣，冬天時則讓孩子去摸摸雪。

我覺得孩子在溫室裡長大對他們的成長無益，因此會想儘量讓他們感受到四季的變化。

雖然讓孩子不小心感冒或是中暑就本末倒置了，但以前也是沒有空調的年代，我認為給予孩子適度的刺激還是有其意義的。

〈行動刺激〉吃飯、睡覺、作息規律

在平常照顧寶寶的過程中，重要的是要避免帶給他們不舒服的刺激，並反覆給予舒服愉悅的刺激。

對嬰幼兒來說，包覆在舒適的毛毯中，或是聆聽母親哼搖籃曲入睡等，都是能給予安心感的刺激。

相反的，一直悶在潮濕尿布中的不適感，則會轉化為壓力。

壓力會讓大腦變得遲鈍，因此切記要勤換尿布。

此外，**反覆刺激愈多次，愈能強化效果，也更容易讓孩子養成習慣，因此生活作息有規律十分重要。**

在孩子9個月~10個月大時，要規定好他們每天起床、睡覺、吃飯、洗澡等活動的時間，這樣孩子自然會有睡意及想吃飯。

早上拉開窗簾，讓身體曬到陽光的話，體內的生理時鐘就會重設，晚上便比

較容易分泌出褪黑激素，具有促進睡眠的效果。

「睡眠」跟「飲食」是身體發育的基本條件。

若能讓孩子培養出良好的生活習慣，到青春期前都能健康順利地成長。

初生嬰兒有五感上的落差？

即使感覺器官尚未成熟，也能感受到父母滿滿的愛

為了促進身體及大腦發展，寶寶會透過周遭環境努力吸收資訊，因此會在這個時期全力運用五感。

但在初生階段，寶寶五感的發達程度和成人相比會有落差，以下將進行詳細說明，請當作是與他們互動時的參考。

【視覺】初生嬰兒的視力約只有0.1，為近視狀態。因視野模糊，無法光憑視覺區分父親或母親。

話雖如此，他們仍能感受明暗，很快便能用眼睛去追視移動中的東西。1歲後視力會變為0.6，在6歲前後則會變為1.0左右。

【聽覺】聽覺從胎兒時期（約5～7個月）開始便已發達，因此在懷孕時就可以給予胎兒聲音刺激。若能跟寶寶講講話、唱歌給他聽，或讓他們聆聽不同聲音，都是不錯的做法。

【嗅覺】嬰兒的嗅覺比其他感覺相對發達，出生時即能分辨出母親的母乳味道。此外，他們也可以本能地區分出已經壞掉、不能吃的食物，所以要儘量避免餵食氣味太重的食物、使用太濃的香水，或是在室內使用芳香劑和柔軟精等。

【觸覺】嬰兒非常需要肢體接觸。如果能跟父母擁抱、感受他們的體溫，就會帶給寶寶安心感。

根據數據統計，與父母有較多肢體接觸的孩子，負責掌控同理他人或察覺他人心情的大腦區塊會變得活躍。

【味覺】嬰兒的味覺比較敏感，因此食物須以清淡為主。等到可以吃副食品時，可讓孩子品嚐不同口感的食物，享受箇中樂趣。

他們在3歲左右，才能明顯分辨甜、酸、辣等味覺，所以在這之前儘量避免餵食味道太濃重的食物。

寶寶一邊全力運用五感，一邊敏銳地觀察著父母的行動，察覺他們的心情變化，並不斷學習。

即使寶寶的反應不大，仍能在父母對自己說話，或肢體接觸等過程中，確切感受到父母的愛。

給予回應能帶來愉快的刺激

心情好的聲音是「跟我說話吧！」的信號

2個月大的嬰兒，會開始發出「啊——」、「嗚——」等不帶含意的聲音。他們並不是想用言語傳達什麼訊息，只是因為心情好，在享受發出聲音的樂趣。這個狀態稱為「咕咕期（Cooing）」。

最初只是因為心情好而發出聲音，但在這個過程中，他們會逐漸察覺到「自己可以發出聲音」這件事情。

如果發現孩子正處於咕咕期，請積極回應看看吧！孩子說「啊——」便回「啊——」，說「嗚——」便回「嗚——」。

這樣做的話，寶寶會慢慢察覺到「如果我發出聲音，就會得到回應」，變得更享受這個互動的過程。

此外，咕咕期也是他們在傳達「跟我說話吧！」的信號，不妨試著**溫柔地稱讚或是問候寶寶**。

寶寶會專心觀察父母跟他說話時的反應，因此**在對他們說話時有眼神交流、耐心地跟他們建立信賴關係是十分重要的**。

這種讓孩子覺得愉快的溝通過程，是培養他們的「溝通能力」及「語言發展」的重要基礎。

如果一邊滑手機、看電視，一邊回應孩子的話，只能得到事倍功半的效果。換作是自己，如果跟別人說話時被敷衍回應，應該也會覺得難過吧。

與親朋好友一同開心互動

4～5個月大的嬰兒，身體正在慢慢成長，骨格也逐漸發育，準備好開口說話。

寶寶最初可能只能發出「啊嗚～」的聲音，隨著持續發育，接著能發出2個音節以上組合而成的聲音，像「爸噗爸噗」。這種聲音稱為「牙牙學語」。

雖然牙牙學語並不是有特定意義的聲音，但寶寶可以從大量發出這種聲音的過程中，學習如何使用聲帶及橫隔膜。

這麼一來，他們便能發出較大的聲音，或是能讓聲調有所變化。

從這個時期起，像是「想睡」、「肚子餓」、「為什麼不抱抱我？」等不開心的情緒，也會開始在聲音及表情上表現出來。

這個牙牙學語的時期，正是寶寶學習語言的準備階段。

跟咕咕期一樣，對孩子說話能為他們的大腦帶來良好的刺激。

不單是父母，也可以邀請像爺爺奶奶等周遭的親朋好友跟孩子說話，讓他們多接觸各式各樣的人。

但是，就算在這個時期，寶寶不太發出牙牙學語的聲音，也不用太過擔心。語言的發展過程本來就會有個體差異，就像會有不愛講話的大人一樣，也會有不愛說話的嬰兒。

父母開心地對寶寶說話、或是有肢體接觸時，他們就會感受到刺激。請保持耐心，持續提供寶寶刺激吧！

孩子會在模仿中成長

回過神來，發現連睡姿都一模一樣!?

基本上，人類是一種從模仿中成長的生物。

因此，一直陪伴在孩子左右的父母，會為他們帶來深遠的影響。

嬰兒的初期溝通是十分單純的，像母親對他們微笑的話，他們也會以微笑回應。

在這個階段，寶寶並不是要想傳達什麼，只是下意識地模仿正在微笑的人而已。

可是，到1歲左右，寶寶的大腦機能會發展到跟大人差不多，隨後他們便會開始積極模仿看到及聽到的事物。

例如，我有用手摸鼻頭的習慣，我的女兒在6個月大左右時，也跟我一樣開始摸自己的鼻頭。到1歲左右，我跟她說「來~像爸爸這樣」，她能明確理解並摸了自己的鼻頭。

另外，不知道是什麼原因，女兒連睡姿也跟我一模一樣，有用腳夾被子睡覺的習慣。

如同前述，**嬰幼兒會專注地觀察父母的行為習慣，像是說話、吃飯的方式，甚至是父母下意識的一些小習慣，並且加以吸收、學習。**

孩子會學習跟父母互動時的溝通模式

這種模仿的現象，一般認為是由於「模仿細胞」——鏡像神經元（Mirror Neuron）的作用而產生。

以猴子為對象的實驗發現，猴子看見測試人員把飼料抓起來時，其大腦會出現跟猴子自己抓起飼料時一樣的反應。

這種大腦細胞的功能像鏡子一樣，因此命名為Mirror（鏡像）Neuron（神經元）。

雖然至今還沒找到鏡像神經元存在於人類大腦的明確證據，但是科學家推測像是以下這些反應，可能是由鏡像神經元引起的。

「有人哭也會跟著哭出來。」

「有人打哈欠也會跟著打哈欠。」

「有人露出吃到酸東西時的表情，自己也會開始分泌唾液。」

鏡像神經元從新生兒時期便開始運作，一般普遍認為它不但能幫助身體運動，更在理解目標及動機、對他人產生同理心，以及學習語言上有極大的貢獻。

因此，若父母滿懷愛意地養育孩子，也能提高孩子感受到他人的愛、同理他人的可能性，同時也會較容易提升溝通能力。

周遭大人所使用的溝通模式，會對孩子在成長過程中能否培養出成熟的社會性，有非常大的影響。

當我跟妻小在外用餐、沒有空回應女兒時，女兒就會對隔壁桌的客人露出親切的笑容。

旁邊的客人通常發現後也會對此投以微笑，女兒好像就會覺得很開心。

嬰幼兒會推斷「對方會對我笑」，是因為在日常生活中，他們跟父母有這樣的互動模式。

雖然此時還不會說話，但他們會在日常生活中逐漸培養出溝通能力。

第2章

想在3歲前強化身體，應養成哪些習慣？

「睡眠」、「運動」、「飲食」的具體做法

從3個月大起，便要做到早睡早起

晚上8點過後就該上床睡覺

睡眠對嬰幼兒的成長來說不可或缺。

雖然有個體差異，但小寶寶一天總共會睡14～16個小時左右。

身體會藉由睡眠，分泌出能促進他們骨骼及肌肉發展的荷爾蒙，因此如果睡眠時間不足，身體勢必難以成長。

此外，睡眠也有助於大腦形成神經網路、修復細胞及保存記憶等，有著十分重要的作用（東北大學加齡醫學研究所曾經進行過一項以5～18歲兒童及青少年為對象的研究，研究結果發現，平常睡眠充足的孩子，他們大腦中負責掌管記憶的海馬迴的體積，會比睡眠不足的孩子來得大）。

因此，不管是為了打造強健的身體，還是為了大腦發展，讓孩子擁有充足的睡眠十分重要。

初生嬰兒沒有晝夜概念，會不分晝夜地一直睡覺。

到了3個月大左右，他們體內才會分泌調整生理時鐘的荷爾蒙，也就是褪黑激素。

所以在寶寶3個月大左右，便可以開始逐漸讓他們在早上起床、晚上睡覺，建立有規律的作息。

在寶寶9個月大左右，如果能在每天晚上8點～9點之間產生睡意，是最理想

〈嬰幼兒的睡眠時間會逐漸改變〉

月齡	一天的睡眠時間
0～1個月	16～18小時
1～3個月	14～15小時
3～6個月	13～14小時
6～12個月	11～13小時
1～3歲	11～12小時

※會有個體差異。

的狀態。

也可能會有孩子為了配合大人的生活節奏，總是無法在固定時間睡覺的情況，但這是父母自己應當去避免的。

曬到陽光能夠穩定情緒

我也曾有過失敗的經驗，例如說我們夫妻曾經決定，誰比較晚回家就要負責幫孩子洗澡。

可是這樣做，假設大人太晚回家，那孩子洗澡的時間也會變晚，就寢時間更會因此延後。

一整天都在工作，沒什麼時間可以跟孩子相處，因此洗澡就留給較晚回家的人吧——我想不少夫妻都會有如此想法。

可是，我還是希望各位以孩子的作息為優先。

如果就寢時間延後，起床時間也會變晚，一天的作息節奏將會跟太陽升起和落下的時間有落差。這麼一來，體內的生理時鐘便會難以重設。

人類終究是動物，可以做到日出而作、日落而息是最好不過的。

如果能讓孩子規律地曬到陽光，身體便會分泌血清素，使身心安定；到了晚上，則會分泌出褪黑激素，使他們自然地產生睡意。維持孩子的生活作息，可說是成長的先決條件。

想要讓孩子養成早睡早起的習慣，首先便要規定起床跟睡覺的時間。

要讓孩子習慣在晚上8點上床睡覺，在早上7點左右醒來。

此外，請在睡前兩小時開始，將孩子所待之處的所有液晶螢幕關掉。孩子睡不著的其中一個原因，是他們看到父母在客廳看的電視。電視、電腦、智慧型手機等裝置會發出藍光，妨礙生理時鐘重設。

所以，也請不要在睡前使用智慧型手機播放影片，來取代床邊故事。

該如何鍛鍊孩子的運動神經？

學步的準備早已開始

寶寶愈常運動，肌肉會愈發達，也就愈能自在地活動自己的身體。甫出生不久的嬰兒，心情好的時候會揮舞手腳，這也被認為是活動身體的練習之一。

在6個月大左右，寶寶的身體活動會有「翻身↓坐下↓爬行↓站立」這樣巨大的變化。

上述過程中，他們的背、腰及下半身的肌肉會逐漸發達，為學步做好準備（由於個體差異頗大，也有可能不會按照上述過程發展）。

如果孩子不太主動活動身體，父母對他們說話、誘導他們活動身體會有幫助，但不應該要求一定要有成果。

一邊等待孩子的身體自然發展，一邊保持一起遊玩的輕鬆心態吧！

增加運動量，養成飛毛腿

小腦負責掌管身體運動時的平衡能力，讓身體反覆去經驗，便能學會這項能力。

在這個過程中獲得的記憶，稱為「程序記憶」。

「程序記憶」只會留下身體該如何活動的必要記憶，學會的過程則會被遺忘。

例如，腳踏車只要學會怎麼騎，之後無論多久沒騎，想騎的時候還是懂得騎。這是因為騎腳踏車的方法是用「身體」來記住，而不是一種「知識」。

嬰幼兒的身體活動也是一樣。常常跟他們一起玩，增加運動量，他們的運動能力便會有所提升。

此外，在嬰幼兒時期讓孩子多走路，孩子長大後跑得快的可能性會比較高。

一般認為，如何擺動身體才能跑得更快的方法，是儲存在小腦當中。

事實上，的確有孩子天生小腦較為發達，因此較能掌握活動身體的方法，不用特別教導也會自然而然跑得比較快。

但是，即使嬰幼兒時期小腦並不特別發達，還是可以透過反覆訓練促進其發展，因此建議父母多跟孩子一起運動。

無論是玩躲貓貓，或是在公園內散步，都是不錯的方式。

訓練平衡感的小小祕訣

讓孩子嘗試站在不平穩的地方，如父母的腿上，對訓練他們的平衡感非常有效。我的女兒也有用小型瑜伽球、瑜伽平衡盤在練習。

父母也可以抓著孩子的腳，讓他們嘗試倒立，或是在充分保護脖子的狀態下翻筋斗看看。這種程度的運動不一定要帶孩子去體操教室或游泳教室，也可以做得到（但還是必須充分留意不要讓他們受傷）。

此外，可以在孩子走路的地方多做一點變化。

如果能讓他們在毛毯、地板、砂石地、緩坡等不同地方走路，能夠帶給他們各式各樣的刺激，是提高他們平衡感的良好訓練。

要是父母沒有空一直盯著孩子，可以用兒童遊戲圍欄（能確保嬰幼兒活動的安全範圍，防止他們觸碰到危險物品的護欄）準備一個安全範圍，讓孩子在裡面自由活動。

至於房間裡面，建議打造一個讓孩子能夠安心跌倒的環境。

例如：在毛毯上面再鋪一層具有緩衝力的墊子，便可確保孩子的安全，父母也就不用戰戰兢兢，能放心地讓孩子盡情活動身體。

在我工作的醫院，常常會有小孩跌倒時撞到頭或臉而前來就診。

過去在我的印象中，跌倒時手部受

傷，或是不小心手部骨折的小孩不在少數。那是因為，人類跌倒時通常會反射性地用手支撐，因而受傷。

可是，嬰幼兒時期缺乏盡情活動身體的條件，跌倒的經驗自然相對較少，可以推斷出他們應該無法馬上伸出手保護自己（但「跌倒時反射性地伸手」這件事情，在小孩長大升上小學或國中以後，只要有做適切的運動便能自然學會，因此不用擔心）。

走得愈多，愈能提升體力及平衡感

打造讓寶寶在家中安心跌倒的環境

我想有不少父母在孩子開始學步之後，會因為實際看見他們的成長而感到欣慰不已。但看到孩子走路時搖搖晃晃的，又會擔心他們跌倒受傷。

在我的女兒剛學會走路時，我都讓她在安全範圍內儘量走路。為了防止她跌倒受傷，我在客廳的地板上鋪了一層柔軟的地毯。同時也在桌椅的四角，貼上在百圓商店買得到的防撞護角，避免女兒跌倒時撞到頭或身體而嚴重受傷。

學會如何安全地跌倒，也是十分重要的訓練。

大部分的寶寶在9個月大左右就能夠扶站，10個月大左右則開始扶著東西走路，到了1歲左右，便能夠自行行走（嬰幼兒的身高、體重等成長指標會有個體差異，快的話有可能8、9個月就學會，也有孩子在1歲半左右才學會，落差頗大）。

走路可以訓練寶寶將來所需的體力及平衡感，所以非常重要。

此外，讓孩子有適度的疲勞感，比較容易養成早睡的習慣，也能讓他們肚子餓、想吃飯，因此更容易建立有規律的作息。

哈佛醫學院的約翰．瑞提（John J. Ratey）教授在他的著作中指出，運動會令大腦分泌「腦源性神經營養因子（BDNF）」，有助於促進大腦神經細胞生長，並且形成為大腦提供營養的血管。

想要獲得以上效果，只需進行會稍微讓心跳加快的輕度運動。

也就是說，**在日常生活中讓孩子多走路，藉此促進其大腦發展，是理想的生活習慣。父母在家可以跟孩子玩玩球、跳跳舞，多做一些孩子可以開心遊玩的運動。**

帶孩子出門能讓大腦全方位運轉

帶孩子出門時，常會因為車流量大的馬路太多，或是不想花太多時間才到達目的地，而總想使用嬰兒推車。就算是走路可到的距離，也會想以汽車或腳踏車代步。

可是，**跟孩子一起出門走路，能為他們的大腦帶來很多家裡接收不到的新刺激，例如：看到路邊盛開的野花、新開幕的店鋪、擦身而過的路人是新面孔等等。**

大人不會注意到的事情，對孩子來說可能各個新奇不已，會想要認真地觀察。

因此，父母對孩子說「開了新麵包店呢！」、「公園裡有溜滑梯喔！」、「啊，

有可愛的狗狗在散步」等等，對他們來說都是良好的刺激。

此外，不要每天重複一樣的散步路線，請偶爾嘗試換走新的路線，更能增加對孩子大腦的刺激。

同時，**每個孩子能走的距離不一樣，父母可以慢慢提升孩子散步的距離。**

最初先嘗試在住家附近購物後便回家，等到孩子逐漸能走得更遠時，不但有助於身體成長，更能促進腦部發展。

從孩子的角度訂立出門時間表

了解嬰幼兒會對什麼有興趣

要配合孩子的步行速度行進，當然要花費不少時間才能到達目的地。但最重要的是，如何以孩子為中心，以「讓孩子多走路」為前提，訂立出門的時間表。

幼兒喜歡新奇的刺激，出門都會左顧右盼，不好好往前走。

因此，為了避免催促孩子，記得要預留充分的時間。

如果我家孩子鬧脾氣，我也會想對他說「走快點！」、「我要自己走囉～」，但這麼做會讓孩子對外出或走路留下不好的印象。

大人應該留意配合孩子的走路速度，並察覺出他們的心情及感到好奇的事情，對他

們說「好開心喔！」、「你找到什麼了？」等等，都會讓雙方更享受散步的過程。

若孩子在散步途中表現出疲態，可以先抱他們一陣子，再讓他們自己走路。

我並不是要大家「絕對不能使用汽車、腳踏車或嬰兒推車代步」，而是建議各位積極把握讓孩子走路的機會，這對他們的身體及大腦發展會有更正面的影響。

走到浴室的家中輕鬆散步路線

有些孩子非常不愛走路，即使帶他們外出，也會一直討抱或哭鬧。

這有可能是因為他們尚未適應外界環境而感到不安，或者也有可能是他們比大人所想的還要疲累。

對寶寶來說，去陌生的地方或見陌生人，會令他們覺得緊張而感受到壓力（也有可能單純是尿布濕了、想睡了，所以覺得不愉快）。

嬰幼兒還沒有辦法用語言表達不愉快的感受，所以只能以哭鬧來表達「這裡不好玩，我想去別的地方」、「我累了」、「我想回家，想回到能夠安心的環境」等情緒。

勉強孩子外出走路，會讓他們產生不想出門的抗拒心態，因此應該讓他們慢慢去習慣才好。

爸爸媽媽可以先嘗試在家中對孩子說：「我們手牽手一起去洗澡澡。」**最好多花一點心思，使孩子覺得「跟父母牽手走路」是一件很開心的事。**

從嬰幼兒時期開始，就要訓練良好的姿勢

良好姿勢會影響一生

讓孩子保持良好的姿勢十分重要。

姿勢也是一種程序記憶。

從小時候開始，訓練孩子保持良好姿勢，他們往後的人生也會較容易維持這個習慣。

相反的，長大成人後才想矯正過來，則會相當辛苦。

因為想要保持良好姿勢，首先需要維持姿勢所需的體力。

各位在看運動比賽時不妨仔細觀察一下，會發現一流選手的姿勢大多十分端正。即

使是兒童選手，實力愈好的孩子，姿勢也愈端正。

培育出樂觀有幹勁的孩子

此外，保持良好姿勢，能讓大腦產生「自己的實力有所提升」的錯覺，讓人更容易產生幹勁。

哈佛大學的社會心理學家艾美．柯蒂（Amy Cuddy）教授，主要研究身體語言（利用身體表達意思的肢體動作）對人的思維或感受帶來的影響。

站立時只要挺胸、雙手叉腰，雙腳分開得比肩膀更寬、用力站穩地板，心情就會變得更積極、更有自信。

實驗結果顯示，只要維持權力姿勢2分鐘，被認為是自信來源的睪酮，分泌量會增加20%，而會在感到有壓力時分泌的皮質醇，分泌量則減少40%。

姿勢能對人的精神層面帶來巨大影響，因此從小開始訓練良好姿勢十分重要。

比方說，在嬰兒哭泣時，將他的雙手舉高、輕輕擴胸，他們便會自然停止哭泣。

陪伴孩子時，用手輕輕支撐骨盆

那麼，該如何幫孩子建立良好的姿勢呢？

嬰幼兒第一次意識到「姿勢」，是在學會坐下的時候。在脖子肌肉變硬、學會翻身後的下一個階段，便是學會坐下。剛學會坐下時，寶寶坐穩的時間十分短暫，隨後馬上就會倒下來。

想要坐穩，需要發達的肌肉及平衡感加以配合，因此無法馬上做到。在尚未建立能夠好好支撐骨盆的力量時，寶寶很難挺直背脊坐下。父母不需要勉強他們，耐心等待身體發育即可。

在必要的條件湊齊以後，寶寶自然慢慢能夠挺直背脊坐下。

我家有一個習慣，就是**在女兒坐下時用手支撐她的骨盆，讓她維持正確的姿勢。**一起看電視，或念書給她聽時，我會從後方幫忙扶住腰部，讓她的骨盆維持直立。

這是不想讓小孩長大成人後，因姿勢問題而煩惱或吃虧的父母心。

另外，我也在61頁介紹過利用瑜伽球跟小孩一起玩的方法，這也對訓練良好姿勢有所幫助。

不知道是不是上述努力的成果，我家女兒現在無論是站立或走路，都會自然地維持良好的姿勢。

如果錯失在嬰幼兒時期建立良好姿勢的機會，市面上亦有販售有助骨盆自然直立的椅子，各位不妨利用看看（這是我幫忙監修的椅子，僅供參考：http://www.ayur-chair.com/）。

俗話說「打鐵趁熱」，我認為在姿勢的訓練上確實是如此。

因肌力不足而無法維持姿勢的孩子佔了多數

題外話，感覺這幾年來，到我工作的醫院看診的孩子當中，姿勢不良的孩子愈來愈多了。

以頭痛問題為例。

在過去，小孩比較常見的頭痛症狀大多是偏頭痛或鼻竇炎，現在則是因姿勢不良而導致的緊張型頭痛比較多。

為什麼會這樣呢？

我推測這是因為現在的孩子愈來愈少走動，不在外面玩耍導致肌肉不發達，因而造成姿勢不良。

此外，還有另外一個原因。那就是，會嘮叨地一直提醒孩子要注意姿勢的大人也愈來愈少了。

大人本應扮演提醒孩子的角色。

但現在很多大人在使用電子產品時，也會長時間一直維持低頭駝背的姿勢。

如此一來，小孩看在眼裡，也就分辨不出什麼是不好的姿勢。

所以，最重要的是，父母自己也要留意保持正確的姿勢。
並且時時刻刻不厭其煩地提醒孩子調整姿勢。

可以讓孩子看多久電視？

不能超過1小時，以五感發展為優先

雖然我並不反對平常給孩子玩手機或看電視，但還是有幾點必須注意。請儘量在孩子1歲以後才給他使用電子產品。此外，2歲以下的幼兒，只能連續使用30分鐘到1小時左右。

若讓孩子長時間看電視，會令他們一直單方面接受資訊，較難培養出獨立思考與記憶的能力。

此外，這亦會讓孩子失去「外出走走、做運動」及「與父母有眼神接觸」的機會，致使促進身體發育的運動量減少，或是失去親子溝通的機會。

與其說是電視的錯，倒不如說問題出在讓孩子看太久電視這件事情上。

基本上，在孩子2歲之前，減少看電視的時間、利用各種不同遊戲去鍛鍊五感，能讓五感較容易得到均衡的發展。

請試著在孩子遊玩或吃飯時關掉電視，打造一個能讓孩子專心吃飯的環境吧！另外也要注意，為了讓孩子的注意力不被電視影響，平常不要一直開著電視。

與孩子共處一室時，如果父母放著孩子不管、只顧看電視的話，孩子也會較難建立自我認同感（肯定「自己是重要的」的想法），因此應儘量避免。

選擇可安心讓小孩模仿的內容

讓孩子玩手機或看電視時，選擇可安心讓他們模仿的內容十分重要。例如：幼兒節目，或是唱歌跳舞的內容，孩子即使模仿也無妨。

如果是大人也會看的電視節目，以腦科學方面來說，幼兒會對有真人互動的綜藝節目較感興趣。可能是因為他們傾向想以自己的方式，去適應社會環境、學習人際關係。

可是，綜藝節目當中，常常會有以近乎霸凌方式捉弄他人等下流的內容，在這方面父母一定要小心把關。

幼兒的前額葉尚未發展成熟，還無法判別善惡或是有不有趣。**他們會對接收到的資訊照單全收，所以要避免讓他們看到殘酷及血腥的內容，以免對情感帶來不良的影響。**

此外，孩子在2歲左右，開始會喜歡使用「大便」或是「ㄋㄟㄋㄟ」等不適合在人前講的用詞。

「大便」或「ㄋㄟㄋㄟ」等，因為是隨處可見的事物，講出來還可以看到父母露出嫌惡、尷尬的表情及反應，孩子們自然會感到有趣。雖然跟他們外出時發生這種事會有點尷尬，在孩子升上小學前，可能只能多加忍耐了。

幼兒也會視力惡化

讓幼兒玩手機、看電視時，希望大家留意「要讓孩子眨眼」。

當孩子一直盯著螢幕的時候，請偶爾在他們的視線跟螢幕中間，上下快速地揮一下手掌，這樣孩子便會眨眼。

即使是幼兒，視力也會惡化。

統計顯示，現在有3分之1的日本小學生都在戴眼鏡。

視力有相當大的程度是受遺傳影響，的確有些家族較容易視力惡化，也有不容易惡化的家族。然而，「3分之1的小學生」這個數據，只用遺傳來解釋是說不過去的。

也有不少父母視力均有1.0以上，但小孩卻在戴眼鏡。

因此，我希望周遭的大人務必留意孩子的狀況。

為了將來不用煩惱長不高，必須先知道的事情

身高不完全是由遺傳決定

我曾經在新宿區四谷一家醫學診所（院長是風本真吾醫師）的兒童矮小門診上班。不分性別，有許多人受身高問題困擾。

無論是小孩或大人，體重都可增可減，但身高不一樣。第二性徵結束之後，掌管骨骼成長的生長板會逐漸閉合，並停止長高。

大多數人覺得身高是由遺傳決定，但事實上，除了遺傳以外，還有不少因素會影響身高發展。

如果父母從小開始注意孩子的身高發展，孩子便有可能成長到國人的平均身高以上

（以日本為例，2016年的數據是男性170.7cm，女性157.8cm）。

雖然本書主要著墨於3歲以下的嬰幼兒之大腦及身體發展，但由於孩子4歲以前的身高發展也是一個重要的成長指標，而且也為了讓家長及孩子把握身高發展的黃金時期，在此先介紹一下較後面的事情。

4歲前身高要超過100cm

風本真吾醫師的研究結果顯示，想要推判孩子的最終身高有2個重要關鍵：分別是「**40個月大時的身高**」及「**第二性徵什麼時候開始**」。

首先，剛出生的嬰兒從50cm起開始成長，到4歲會長高到100cm。短短4年間，身高便成長了1倍。

能在4歲這個時間點長高到100cm的話，若第二性徵沒有提早到來，幼兒大多能夠順利長高，至少達到國人的平均身高。

具體來說，從4歲到第二性徵開始前，幼兒1年會長高5～6cm，在第二性徵開始後則會急速長高，最後約在5年後停止。

因此，**若第二性徵提早1年到來，最終身高便會減少5㎝。相反的，若晚1年到來，最終身高便會多出5㎝。**

第二性徵開始的平均年齡，男性為11歲6個月，女性則為10歲0個月。身體的變化上，男性的睪丸會變大，女性則是乳房開始發育。第二性徵開始後，男性一年約會長高8.7㎝，女性則會長高7.4㎝，這個成長速度會維持約2年。其後，男性會開始變聲，女性則會出現初經。這些都是身高會慢慢停止增長的信號，其後的3年，身高會再增加約7～8㎝，然後便不再長高。

一般來說，大眾普遍會有孩子從變聲或初經的時間點開始急速長高的印象，但其實成長的黃金時期，早在那之前的2年前便已經結束。

家長很可能會不小心，沒有注意到孩子青春期在什麼時候開始，所以必須特別小心留意。

想讓身體成長茁壯，吃什麼才好？

想要長高，想當然需要充足的飲食。

人類也是動物的一種，只要吃飽，便會長大。

雖然眾說紛紜，有一種說法是江戶時代的男性身高只有約155㎝。現今日本人的平均身高，居然比當時高出15㎝以上。

日本人較少與其他人種交流，基本上都是國人之間互相通婚，因此這個身高的增長比起遺傳因素，更有可能來自於飲食的變化。

由此可知，適當的飲食十分重要。讓孩子從嬰兒時期開始喜歡吃飯的話，到4歲為止應該能成功長高到100㎝。

有不少孩子就算是討厭的食物，只要把它做成星型或心型便會吃下去，建議家長們在這方面可以多花一點心思。

此外，我想再列舉3個飲食的關鍵。

〈關鍵1〉父母吃得津津有味

曾經有實驗想要研究「大人吃飯時的表情是否會影響小孩的食慾，以及對喜歡及討厭的食物的態度」。

這項實驗的對象是5歲及8歲的小孩。

實驗結果發現，即使是自己喜歡的食物，如果旁邊的大人在吃飯時露出嫌惡的表情，小孩便會失去食慾。相反的，就算是討厭的食物，若大人吃起來津津有味，小孩比較會有吃的意願。

因此，就算孩子剩下討厭的食物不吃，也請不要露出不耐煩的表情。對孩子說「很好吃喔！」然後把食物吃下去，會比較有效。

〈關鍵2〉用肉類跟魚類當點心

碳水化合物和脂質對增加體重十分有效。

想要長高，則要攝取蛋白質。

說得直接一點，想要長高的話，吃大量的肉跟魚就好了。

也不要以餅乾當作零食，可以換成炸雞塊或香腸。

〈關鍵3〉重新審視飲食量

會說「我家孩子明明吃很多，卻完全沒變壯」的母親，大多都是纖瘦體型的人。

雖然在母親眼中，小孩可能的確吃很多，但其實相較於其他家庭的孩子，還是比較少。

參加學校的運動比賽時，觀察一下即可發現，體型瘦小的孩子，其便當盒也比其他孩子的來得小。

因此我建議各位家長，重新審視一下日常飲食的分量。

如果青春期提早報到……

最後想提的是，青春期幾歲才會來臨。

就像前面所提到的，青春期結束，身體也會停止長高，因此青春期較晚開始的話，孩子有機會長得比較高。

如果從嬰幼兒時期開始就有好好注意飲食，身材卻還是較為矮小的人，有可能是因為青春期較早開始。

〈讓身體成長茁壯的飲食方式〉

事實上，亞洲人較為早熟，青春期較早開始，因此比起歐美人身高矮了一些。跟亞洲人相比，歐美人的青春期較晚開始，男性的話會晚約1年，女性的話則約半年，所以他們的個子都比較高。

因此，父母必須留意孩子的青春期有沒有提早開始。

如果比周遭同儕更快進入青春期，孩子也會很難開口跟別人商量，有可能讓他們為此深深煩惱。

若孩子比其他人提早2～3年進入青春期，有可能是「性早熟」，可以進行治療以延緩青春期的進展。

另外，保持充足的睡眠、不熬夜，也十分重要。

身體會在睡眠時，分泌促進骨骼發展的荷爾蒙。

此外，睡眠時也會分泌一種叫做褪黑激素的荷爾蒙，有助於抑制性荷爾蒙過度分泌，一般認為有延緩青春期來臨的作用。

由此可知，**充足的睡眠同時具有「長高＋延緩青春期」兩個效果**（也有人認為日本人早熟，是睡眠時間愈來愈短所致）。

體重跟肌肉可以後天繼續增加，但身高增加的時間則有限制。

如果擔心孩子有身材矮小的問題，可以洽詢專科醫院，建議各位儘早諮詢專業醫師的意見。

第3章

在心領神會的瞬間變得更聰明

「有興趣的事物」、「開心的事情」
會慢慢定型

「成功了！」、「我懂了！」的經驗會讓大腦成長

偶然的成功經驗是良好契機

寶寶有時候會「啊！」地露出嚇一跳的表情，一動也不動。

各位家長有遇過這些情況嗎？

- 玩躲貓貓時，看到媽媽的臉的瞬間
- 在外面散步，發現常遇到的可愛狗狗的時候
- 在玩△、□、○等形狀配對積木時，只是抓著積木撞來撞去，卻無意中剛好拼對形狀

我相信應該有不少父母目擊過上述情況。

在這些瞬間，寶寶會認知到以下事情：

「不小心成功了……」

「無意中搞懂了……」

他們察覺到發生了意想不到的事，而且對此嚇了一跳。我把這個嚇一跳的表情，稱為「多巴胺表情」。

愉悅的心情有助於加速挑戰事物的週期

孩子的大腦在這個心領神會的瞬間，會分泌出大量的多巴胺。

多巴胺是大腦的一種神經傳導物質。

分泌多巴胺會讓大腦產生幸福感，使人想要重複同樣的行為。因此，寶寶會再次重複相同的經驗，並從中學習。

「挑戰」↓

「成功、理解」↓

「分泌多巴胺」↓

「挑戰」

不斷重複上述過程，孩子便能學會該項行為。

因此，他們愈常露出心領神會的「多巴胺表情」，代表學到的愈多。接收愉快的刺激，再按此經驗行動——寶寶的大腦會在這個「輸出」的過程中慢慢成型。

我希望各位家長能夠多多發掘孩子的「多巴胺表情」。

此外，「成功了！」、「搞懂了！」的快感也會促進嬰幼兒大腦發展，大人亦是同理。想出一個困難謎題的答案時，那種心領神會的暢快感，相信誰都曾經歷過吧。

那也是大腦中正在分泌多巴胺的時刻。

可是，這種幸福感並不持久。正因它稍縱即逝，我們才會繼續解答下一題，想要再次獲得此種快感。

這個機制稱為「獎賞系統」。藉由大腦中建立起來的獎賞系統，我們才會不斷學習新知。

而多巴胺正是我們學習過程中的強化因子。

不要否定孩子「想要嘗試」的心情

學會爬行之後，感興趣的事物一口氣變多

嬰兒在能夠以自己的力量移動，如學會爬行或能扶著東西行走之後，對事物的好奇心會大幅增加，只要他們覺得有興趣的事物，都會想要伸手碰觸。

因此，**父母必須事先確認在孩子的活動範圍中，有沒有危險物品，或是不想讓他們摸到的物品。**

不滿1歲、還沒有太強烈自我意識的嬰兒，只要不是看起來很恐怖的東西，或是明顯發出奇怪聲音的東西，他們不太會感到「不喜歡」或是「可怕」。

對他們而言，只要是新奇的事物，他們什麼都感興趣、都想要摸摸看，也想看看會

有什麼反應。

就算是沒有懼高症的大人，去到高樓大廈的高樓層時，也會覺得有點膽怯吧。會忍不住想像假如玻璃碎掉的話怎麼辦之類的。

但這個時期的寶寶不會這樣想。

因為他們沒有「高」的概念。

他們可以輕鬆自在地從高樓大廈的窗戶一直往外看，甚至伸手敲打玻璃。

從探索中建立「自信」，鍛鍊「肌肉」

在家中，嬰兒會把插頭拔下來又插回去、把物品放到嘴巴裡又吐出來、打開抽屜跟瓶蓋、把食物弄得亂七八糟……等等。

父母看到家中物品愈來愈亂，又害怕孩子做出危險的事，應該會覺得很困擾吧。但這其實是孩子身體及大腦成長的必經階段。

藉由靠自己的力量觸摸周遭事物，以及體驗自己可以帶來何種影響，讓寶寶能夠經歷很多「成功了！」、「我懂了！」的瞬間，從而使大腦分泌大量的多巴胺。

寶寶也會因此建立起自信，產生更多的好奇心，想去探索周遭的世界。

此外，**當他們忙著在家中到處探索時，會用到手腳及指尖等身體各處的力量，體力也會跟著提升。**

只要不危險，放手讓孩子去做

但必須注意的是，父母對嬰兒這類行為的容許界線。

從結論來說，對待尚未有明確自我意識的嬰兒，父母一直在旁看管，發現孩子要做危險的事時出手阻止的這種做法並沒有錯。

重要的是在保護孩子時，不要去否定他們「想摸摸看、想動動看」的本能想法。

即使訂下規則，告訴孩子「這裡不能進來喔！」，1歲以下的嬰兒也無法理解。如果有教「不行」這個詞，說出「不行」的時候，他們的動作會瞬間停下來，但最後還是繼續動作。

像插頭也是，對孩子說「這個不能拔喔！」的時候，他們的手會瞬間停下來，但最後還是會把插頭拔掉。

尚未有明確自我意識的寶寶，只是對剛好出現在眼前的事物感到好奇，並不是故意要為父母添麻煩。

如果沒有危險性，在孩子成功做到什麼事情後，建議父母能稱讚他，例如「做得很好！」、「媽媽好開心喔！」等等。

如果是危險的事情，在對孩子說「不行」以後，將他們抱到其他安全的地方就可以了。

獎懲的最佳時機是什麼時候？

孩子受到稱讚時，會增加多巴胺的分泌

如果父母看到孩子好像成功完成了什麼事情，覺得孩子「現在大腦應該在分泌多巴胺」時，最好能馬上口頭稱讚他「做得很好」。

當孩子知道「父母有在關心自己」，會感到非常開心。

關鍵是在稱讚時，要跟孩子有眼神與肢體的接觸。

如果錯失時機，他們馬上就會忘記剛剛發生什麼事，所以請把握機會，在事情發生的當下去稱讚孩子。

寶寶受到稱讚，會令大腦分泌的多巴胺更為增加。

大腦大量分泌多巴胺的狀態，我稱之為「幸福腦」。

當我們感覺到「成功了！」或是「搞懂了！」的時候，中腦的腹側被蓋區（感受到快感時會活化的部位）會開始運作，所產生的刺激會傳導至伏隔核，從而分泌出多巴胺。

如此一來，對負責做判斷、掌握創造力的前額葉，作為情緒中樞的杏仁核，以及作為記憶中樞的海馬迴均會帶來正面的影響。

分泌多巴胺，會使掌管「帶來快感的行為或知識」的突觸受到強化，大腦亦會愈趨發達。

「故意」惡作劇，便是管教好時機

然而，**當寶寶做出「沒禮貌的行為」或「粗魯的舉動」時，大腦亦會分泌多巴胺，這是較為棘手的地方。**

像是把飯碗翻倒、東西弄得亂七八糟、打翻玩具箱發出刺耳的聲音、把電視遙控器藏起來等別人找出來、大力拍打母親讓母親喊痛等，孩子看到父母出現反應，大腦也會分泌出多巴胺。

寶寶從零開始吸收新知，所有透過五感得到的資訊都是他們的學習對象，因此即使是上述這些讓人不快的舉動，他們也會感受到喜悅。

並且，他們會因為覺得有趣，而「故意」做出這些行為。

站在父母的立場，想必心裡會吶喊：「放過我吧！」

不過，這也是一個教導孩子分辨什麼事能做、什麼事不能做的機會。

開始有明確自我意識的幼兒，當他們依自己的意思做出不好的行為之後，打斷其大腦的多巴胺分泌，是對這個時期孩子的必要管教。

首先，跟稱讚孩子時一樣，要跟他們有眼神接觸。

之後，要一邊緊緊握住孩子的手臂或手掌，當場告訴他們「因為會弄髒，所以不能把飯碗翻過來」、「媽媽會痛所以不能打」等等。不可用責罵的方式，而是要語氣認真地好好告訴孩子。

當孩子重複這些行為時，父母必須耳提面命地再三叮嚀「不能這樣做」。

持續一陣子以後，孩子便會意識到「這是不能做的事情」，並且分泌多巴胺，使學習到「不能做的事情」這件事變得更加深刻。

僅僅提醒2、3次，寶寶是無法馬上學會的，重點在於，爸爸媽媽必須持之以恆，重複提醒數十次以上。

從小教育孩子什麼是是非善惡，會成為他們將來能順利融入社會與周遭人事物的重要基礎。

經歷失敗也是重要的一環

此外，讓孩子經歷失敗也十分重要。

寶寶會想要自己挑戰各種事物，但也難免有無法順心如意的時候。例如：還沒有辦法好好握緊湯匙、不小心把食物灑出來，或是換衣服換太久等等。父母在這時切萬不能感到不耐煩而動怒。

一開始無法順利是理所當然的。「很努力了呢！」、「只是還沒習慣而已」請像這樣安慰孩子看看。

「沒辦法順利做好」這個經驗會留在孩子的記憶中，因此下次重複一樣的行為時，會更有機會成功。這麼一來，大腦便會分泌多巴胺，加深學習的印象。

選對玩具促進大腦及身體發展

在家隨手可得的東西，便是有趣的玩具

讓孩子玩玩具，也能促進他們的大腦發展。

雖說是玩具，但在2歲之前，不一定要買商店裡的豪華玩具，常見的東西也能刺激嬰幼兒的好奇心。

寶寶往往喜歡自己做了什麼以後，會出現反應的事物，像是遙控器或智慧型手機等等。

舉例來說，觸摸後會發出聲音的東西，便是一個很好的例子。

像是**超市的塑膠袋**，因為只要用手抓取便會發出沙沙聲，所以也是寶寶喜歡的東西之一。

有一種說法是，這種聲音跟胎兒在母親腹中時聽到的聲音十分相似，甚至可以讓嬰兒停止哭泣（但事實上，胎兒的大腦突觸尚未相連，海馬迴亦不發達，能對聲音留下記憶的可能性較低）。

但在給孩子玩塑膠袋時，必須注意「先把袋口打結，防止孩子把頭伸進塑膠袋中」，還有「看好孩子，避免讓他們把塑膠袋放入口中」。以上兩者均會造成嬰幼兒窒息，一定要多加留意。

最好把塑膠袋裝滿空氣後，打結做成氣球再給孩子玩，這是最安全的做法。

此外，**我也推薦用紙類當玩具**。像包裝紙或報紙等很好撕的紙類，寶寶會把它們撕個粉碎、用手指夾起來、搓揉成一團等，玩得不亦樂乎。

給寶寶看故事書時，他們也會想要先確認故事書的質感，翻開書頁或是撕破。不停地把面紙從盒子裡抽出來，對他們來說也樂趣無窮。

這些遊戲能夠訓練孩子從手腕到指尖的運用，以手摸到的觸感也會為大腦帶來大量

的資訊。

人類的大腦中，有「感覺聯合區」及「主要運動皮質區」這兩個區塊。感覺聯合區能在我們觸摸東西時，感應出它是硬或軟等，主要運動皮質區則負責在身體活動時，發出控制肌肉運動的命令。

感覺聯合區及主要運動皮質區中，有各自對應我們身體各個部位的區塊。其中，以掌控手掌與手指的比例來說，感覺聯合區約佔4分之1，主要運動皮質區則約佔3分之1。

也就是說，**愈是經常運用到手及手指，便能活化愈多大腦神經細胞。**

我的女兒在10個月大左右時，開始喜歡玩空的寶特瓶。玩法很單純，就是拿著寶特瓶揮舞，或是敲打發出聲音。

而在約1歲時，她突然要我幫忙扭開瓶蓋。

她似乎終於發現到瓶蓋的存在。那個瞬間，想必大腦分泌出了大量的多巴胺（我幫忙扭開瓶蓋了，但因為有危險性，故沒有交給女兒）。

小嬰兒4個月大時，爸爸媽媽就可以讓他們玩寶特瓶。可以在瓶子中，放進一些豆子或揉成團狀的色紙，寶寶聽到瓶子滾動時發出的聲音，或看到裡面滾動的東西，對他們來說都是很好的刺激。但寶特瓶必須嚴密封好，不能讓寶寶打開取出裡面的東西，以免他們放到嘴裡發生危險。

寶寶很容易對大人常用的東西感到好奇，若父母能以安全的方法讓孩子觸摸這些生活周遭的物品，也是不錯的做法。

無法預測結果的玩具最耐玩

另一方面，市面上販售的玩具，有些以能夠放到嘴裡的安全材質製成，有些則是能讓寶寶感受到木頭溫暖的質感，爸爸媽媽不妨好好運用這些玩具。

這些玩具都能夠有效促進嬰幼兒的五感發展。待寶寶的體力提升，活動範圍變大以後，他們會抓著玩具在家中到處走動，這也有助於鍛鍊四肢。

父母在初生嬰兒的身旁發出聲響，他們便會專心聆聽。此外，嬰兒在3個月大時，就能夠以眼睛追視移動中的物體，因此很多嬰兒都喜歡床邊音樂鈴。

就算還不能走路，寶寶還是想得到愉悅的資訊刺激。

在能夠自己活動手腳之後，當父母把手搖鈴遞給寶寶，他們也會緊緊握著。跟寶寶一起玩柔軟的玩具球，將有助於使他們開心且自然地活動身體。

跟孩子一起玩貼紙，練習貼與撕的動作，也是不錯的選擇。

雖然市面上的玩具琳瑯滿目，**但像積木這種能讓嬰幼兒自由發明玩法的玩具，較能不厭倦地持續玩下去。**

寶寶在10個月大以後，開始能夠堆疊積木。

積木會因玩法不一樣而出現不同的結果，寶寶會從中得到「成功了！」、「搞懂了！」的經驗，從而刺激大腦分泌多巴胺，獲得快感。

相信各位爸爸媽媽都曾看過孩子把好不容易堆疊起來的積木推倒，但這並不是因為孩子個性粗暴，而是他們發現推倒積木也是一種玩法，因此請不用擔心。

此外，如果父母能跟孩子一邊玩玩具一邊互動，對孩子的成長會有更好的效果。

建議父母認真陪伴孩子玩耍，並且適時回應孩子「有聽到嗎？」、「好好玩～」、「能借媽媽玩一下嗎？」，這麼做會讓孩子的喜悅加倍。

什麼時候開始要念故事書給孩子聽？

一開始最好玩的是翻翻撕撕

從很久以前開始，就有念床邊故事來教育孩子的傳統。

大腦邊緣系統掌管著喜怒哀樂等情感，已離世的認知神經科學家泰羅雅登教授的研究結果顯示，念床邊故事有助於促進邊緣系統發展，能讓嬰幼兒孕育出更豐富的情感。

因此，可以提早在寶寶1個月大時，就開始念床邊故事給他們聽。

胎兒尚在母親腹中時，聽覺便已十分發達，有人認為初生嬰兒已能清楚聽到父母的聲音。

我的女兒在4～5個月大時，脖子開始變硬、視力也逐漸發展。從那時候起，我就會抱著她，跟她一起看故事書。

那個年紀的寶寶還無法理解故事書是什麼。

與其說他們喜歡書本，不如說是喜歡紙張。雖然他們會把故事書當作玩具，一直翻頁，偶爾還會撕破，但我覺得這些也是故事書的功能。

如果看到一半膩了，就隨孩子高興、讓他們翻頁，配合孩子的步伐吧！

等到孩子1～2歲大時，比起讓他們理解故事內容，用抑揚頓挫的語氣跟孩子說故事更為重要。

提升親子關係，並且增加詞彙量

從小開始念故事書給孩子聽，有「**滿懷關愛的互動**」及「**進行增加詞彙量的語言學習**」這兩個目的。

要達到以上兩個目的，其實不一定要用到故事書，「今天玩了什麼呀？很開心吧？」、「你在跟熊熊聊天嗎？熊熊講了什麼呢？」，像這樣跟孩子聊天也有同樣的效果。

如果沒辦法一整天陪在孩子身邊，可以詢問另一半孩子那天做了什麼，然後像「今天吃了草莓對嗎？好吃嗎？」這樣跟孩子進行問答。

這種簡單的對話，也能做到「滿懷關愛的互動」及「進行增加詞彙量的語言學習」這兩件事情。

那麼，跟孩子聊天與念故事書的不同之處在哪裡呢？

念故事書能讓孩子接觸到平常對話中用不到的詞彙，且用眼睛觀看圖畫及文字，能為大腦帶來「父母聲音以外的刺激」。

即使寶寶一開始無法理解詞彙的意思，只要重複接收「曾經聽過的資訊」，這樣的過程會為他們帶來刺激，連帶讓大腦的突觸受到強化。

抑揚頓挫的語氣，能讓孩子愛上故事書

我家女兒在1歲時，最喜愛的故事書是阿爾克謝·托爾斯泰的《拔蘿蔔》（The Enormous Turnip）。

《拔蘿蔔》是小學1年級國語課本中的課文，1歲的女兒幾乎完全不知道故事在說

什麼，但她如此喜歡這本書是有理由的。

那是因為，這本故事書讓人在念書時，可以很自然地加上抑揚頓挫的語氣。

書中「**拔啊、拔啊……**」、「**拔出來了～!!**」等部分，負責念故事的人語氣能夠很自然地變化抑揚頓挫，我的女兒也會跟著做出很積極的反應。若在此時加上動作，孩子也會一起模仿「拔出來了～!!」的動作。

念故事時，抑揚頓挫愈誇張愈好。我自己在念故事時，也會誇張到被人看見會覺得很尷尬的程度。

幼兒節目的主持人之所以會做出那麼誇張的反應，正是因為如果不做得顯淺易懂，孩子們會難以吸收當中的內容。

大人的工作記憶能力（把進行作業或動作時必要的訊息，保留在腦中一段時間的能力）十分發達，因此只要經過語言說明，就能夠理解事物的因果關係。但要幼兒理解話語的內容，卻是非常困難的。

所以，**先讓他們感受語感的樂趣便已足夠。**

我的女兒總是在故事念到一半的時候，指著插圖中的動物，或是翻到不同頁數去，因此幾乎沒有幾個故事能夠講到最後。即便如此，與其要求她「安靜聆聽」，我比較傾向將話題轉到女兒感興趣的事物上。

念故事書是創造親子對話時間的方式，請記住，不要忽視幼兒的好奇心及興趣。

透過念故事書訓練「後設認知」

幫助孩子未來一帆風順

念故事書給孩子聽，有孕育「後設認知」能力的效果。

希望孩子將來能順利融入社會，就必須讓他們擁有後設認知能力。後設認知是一種能夠客觀審視自己的能力，就像操控無人機，以無人機的角度檢視自己一樣。

擁有良好的後設認知能力，會有以下好處：

- 能正確評價自己的能力，掌握自己的優缺點

- 能體恤身邊的人，因此支持者會增加，能與他人保持良好關係
- 就算遇到困難，也能以多角度思考去解決問題

為了慢慢培育孩子的後設認知能力，在閱讀故事書時進行親子對話會十分有效。讓孩子把自己想像成故事書裡的角色，進行換位思考，像這樣訓練孩子的閱讀能力，將有助於促進後設認知能力的提升。

用一句話擴大想像空間

故事書跟影片不一樣，描寫的是一個個獨立的場景。這些獨立的場景有很大的發揮空間，能讓我們下意識地進行推測，或是揮灑我們的想像力。例如：父母可以跟孩子說「這幅圖畫裡的小男孩看起來很開心呢！」、「原來這樣做對方會覺得難過」、「不知道他的媽媽在不在旁邊呢？」、「這條線如果從圖畫中跑出來，會一直伸長到哪裡呢？」等等。

如果孩子有感興趣的故事書，爸爸媽媽在跟他一起閱讀的時候，可以對孩子說「盤

子上有3個橘子呢！」、「綠色的小貓在哭耶！」、「你覺得車子會開去哪裡？」，像這樣跟孩子互動。

留意此時不要省略主詞，關鍵是要講出完整的句子。

跟嬰幼兒對話的重點，並不在於他們能否回答問題，而是**不要省略資訊，要有邏輯地讓孩子聽自己說話。**

這樣便能製造更多「讓孩子思考自己以外的事物」的機會。

相反的，雖然透過電視或手機看影片也很開心，但孩子在觀看的過程中只會覺得心情愉快，並沒有發揮自己的想像力。孩子願意安靜下來乖乖地看，父母應該覺得很欣慰，但也必須注意，這麼做孩子很容易變得只能單方面地接收資訊。

煩惱故事書要選哪一本？從經典入手

如果說到念什麼故事書給嬰幼兒聽比較好，我個人覺得其實什麼都可以。

念故事書的重點，在於大人有沒有用心將全部注意力放在孩子身上，以及享不享受這個過程。

如果已事先準備好數本故事書，可以拿出來給孩子看，讓孩子透過角色人物、顏色或觸感等，挑選出自己喜歡的故事書。

不過，假如尚未準備，從現在才要開始挑選、收集的話，想必一定會因為不知道該買哪一種故事書而感到煩惱吧。

基本上，已經有部分經典名作被公認為嬰兒會喜歡的故事書，一開始可先從那些作品開始著手，便不會選錯。

如果想要挑選給0歲嬰兒看的第一本故事書，書店的兒童圖書區中，幾乎都可以看到松谷美代子的《哇，不見了！》（台灣麥克），還有まついのりこ的《じゃあじゃあびりびり》（偕成社）這兩部作品。

嬰兒對「臉」非常敏感，會一直盯著看，所以很多寶寶會喜歡臉部五官會動的可動書。

此外，約1歲以後，我推薦加岳井廣的《だるまさん》（ブロンズ新社），全系列共有3冊。

即使寶寶還沒有「笑」或「手」等概念，這套故事書對他們來說卻似乎相當有趣，我的女兒也會常常要我念給她聽。

其他還有若山憲的《しろくまちゃんのほっとけーき》（こぐま社）、艾瑞・卡爾的《好餓的毛毛蟲》（上誼文化公司），以及瀨名惠子的《是誰還不睡覺？》（維京）等等，都是歷久不衰的熱門作品。

以上都是長期暢銷書，可能各位父母在自己小時候也看過這些作品呢！

另外，說到嬰幼兒偏好什麼顏色或畫風的故事書，目前還沒有定論。有人說他們喜歡原色，也有人說是偏藍的淡色調，說法眾說紛紜。但受歡迎的故事書，內容也是各式各樣，因此父母不用自我設限，不妨試著讓孩子閱讀形形色色不同的故事書。

進行早期教育時的父母注意事項

從小給予學習的機會？

父母從孩子出生的那一刻起，便抱著望子成龍、望女成鳳的期盼。相信不少爸爸媽媽都會回溯自己過去在學習或運動上的失敗經驗，煩惱著從小開始要給孩子怎麼樣的教育。

愈來愈多家長讓孩子從小開始學習各種才藝，像英語、體操、游泳等等。

孩子如果能從小開始聆聽外語，確實會比較容易分辨出英語的「L」跟「R」的發音，若長大成人後再來訓練外語聽力，則相對較為困難。此外，也有人說幼兒在6～7歲之前，較容易學會絕對音感。

因此正常來說，對孩子進行各種早期教育，可說是益處無窮。

美國記者麥爾坎・葛拉威爾，在其著作中提出了「1萬小時法則」。內容指出，只要花上1萬小時努力練習，任何人都能成為特定領域的專家。如一天花上3小時練習，1萬小時便相當於10年。

這個法則雖然毀譽參半，卻點出了任何才能都需要時間來成就這個大前提。

不管是體操選手內村航平，還是桌球選手福原愛，都是從3歲起便開始練習。羽生結弦選手也是從4歲起，便開始他的溜冰生涯。

日本小提琴家葉加瀨太郎，同樣是從4歲起開始上音樂教室。

雖說只有極少一部分的人能夠在社會上獲得成就，但從上述事例可以看出，從孩提時期開始便以職業運動選手或音樂家為目標開始練習，的確有其道理。

只要孩子樂在其中即可

只是，嬰幼兒潛藏著無限的可能性，我們無法準確得知孩子擁有什麼樣的天賦。因此，最初只要留意不要太集中於特定範圍，讓孩子均衡學習各種才藝即可，這是最有效的做法。

至今為止我接觸過各式各樣的家長，我發現幾點事項是各位必須注意的：

・父母與孩子分別是獨立的個體

請各位家長把自己過去的經驗，跟孩子的早期教育獨立開來思考。

像「我英文不好，在工作上吃了不少苦頭，因此想讓孩子學好英文」、「希望孩子代替我實現成為運動選手的夢想」等，如果孩子學習的契機是父母自身過去的遺憾或自卑感，父母在不知不覺之間，便會以孩子的競爭力及表現的優劣來評價他們。

如此一來，孩子便會想要迎合父母，無法發自內心地享受其中的樂趣，也難以得到能肯定「自己是很重要」的自我認同感。

・安排充分的休息時間

希望孩子盡可能發揮更多的可能性，因此讓他們上補習班、學才藝，安排密密麻麻的行程，這是萬萬不可的。早期教育的目的不是要把行程塞滿，而是自然而然地培養孩子對不同事物的興趣，讓他們享受自己的世界。

需要注意的是，絕對不能減少孩子的睡眠時間，包括午睡。吃好、睡好，打造健康的體魄是第一要件，再來才是教育。請注意別讓孩子感到疲憊，透過遊玩的方式來學習即可。

幼兒容易累積壓力，卻缺乏能把壓力表達出來的語言能力。在進行早期教育或讓孩子學習才藝時的大前提，就是不能勉強孩子。

讓孩子專注做現在感興趣的事，會帶來無窮效果

即使努力練習，只有自己感興趣的才會學起來

我認為不執著於「這是為了將來著想」，讓孩子做他現在感興趣的事情，也是一種做法。

平常沒有在運用的能力，其突觸遲早會被消除。而勉強孩子做不感興趣的事，要花上比平常更多的時間才能夠學起來。

讓嬰幼兒反覆做喜歡的、感興趣的事情，才能留下較多突觸。

話雖如此，因為不清楚孩子到底喜歡什麼，最初讓他們什麼都試試看是最好的。

舉例來說，音樂的話，讓他們聽童謠、古典樂、搖滾樂等各式各樣的曲風，同時也

可以讓他們以蠟筆隨意地畫出線條，或是用手打拍子、幫助孩子感受節奏。

只要持續觀察，便能發現他們的喜好。

如果想要「訓練五感」，其實不需要刻意讓孩子學才藝，這樣也比較省錢（我是想著，要是發現女兒有什麼了不起的天賦的話，便送她去學才藝，只是暫時好像還沒有這個需要）。

再者，如同前面所述，嬰幼兒都是從模仿中學習的。

假如想讓孩子學會某項技能，父母先在孩子面前表現出很享受地在學習的話，孩子日後對該項技能感興趣的可能性將可望提高。

發展速度跟長大後會不會讀書無關

還有一點，說到孩子的未來，即使寶寶較早學會說話，也不代表日後就比較會讀書。

學會說話的速度，在個體之間有著巨大的差異，因此即使發展稍微慢一點，也不用太過擔心。

就算是較快學會數數字，跟在數學上特別有天分之間，究竟有沒有關係也尚不明瞭。

即使在還沒開始上學前已經讓幼兒學習、練習各種事物，但是也可能發生上國中以後被同年齡的孩子追上的情況。

因此，在嬰幼兒時期，如果孩子沒有興趣，不用太看重學習知識這一件事。

以優先順序來說，為孩子安排「規律的生活作息」，以及培養第1章中提到的「3項基礎條件」，才是最為重要的。

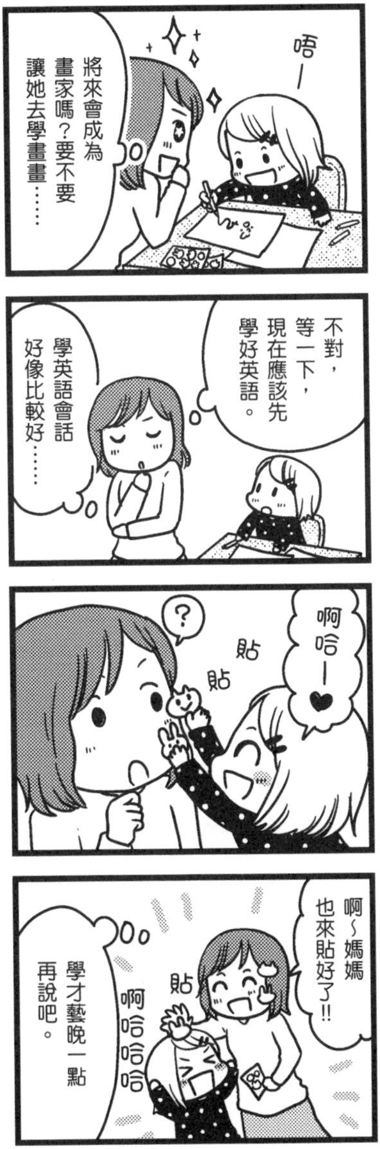

可是，比其他小孩更快吸收知識及經驗，可以幫助孩子避免在開始上學後，感受到「做不到」的自卑感。

孩子若有擅長的事，不但能提升自我認同感，更能促使他們積極行動、發揮領導能力。因此，父母可以在孩子本人對閱讀、寫字或算數感興趣時，盡可能地教授相關知識（雖然我想那應該是3歲以後的事情了）。

現今科技進步，算數可以交給電腦代勞，需要寫字的機會也逐漸減少。以後，可能是個不需要學會算數、字不會寫也沒關係，讀得懂就好的時代。但是，目前社會上還是存在著考試這個機制，因此仍有必要學會算數及寫字。

包括跨越考試的難關在內，累積各種成功經驗，將有助孩子提升自我認同感，建立自信。

第4章

不被牽著鼻子走！
如何面對孩子的自我主張？

害怕、好奇、鬧脾氣……
該如何應對？

用手指去指
代表「想分享看到的事物」

寶寶就算還不會說話，也早已開始認知事物

嬰幼兒還沒辦法流暢地說話，因此會透過「指」這個動作來跟周遭的人互動。他們開始做出「指」這個動作的時間點，雖有個體差異，但大約會從9～10個月左右開始。

而這個用手指東西的互動過程，需要周遭大人給予回應才能夠成立。

包含父母在內，假如周遭的大人能去思考孩子指東西的意義，並給予適切的回應，他們就會對「成功傳達自己的想法讓別人知道」這件事感到滿足，互動也會更為順利。

寶寶一開始的「指東西」行為，是在對自己感興趣的事物做出反應。

例如：在散步途中看到跟自己差不多大的小寶寶，或是看到大車子時，便會拚命地伸出小小的指頭，想要表達出來。

父母可在此時看著他們所指的東西，告訴他們這是什麼。

「你有朋友呢！」、「好大台的車車喔！」像這樣給予回應，孩子便會露出「對！拔拔也有看到對吧？」的表情。

透過說出「朋友」、「車子」等對象物的名稱，能夠把資訊傳達到孩子的大腦中。

有時候對還只會講「麻麻」的寶寶說「把牛奶拿過來」，他們便真的能夠把奶

瓶拿過來。

這代表**雖然無法用語言表達，但孩子確實能認知到「那是牛奶」。**

難度更高一點，可以在孩子撞到頭哭泣時，對他說「很痛吧？」，或是在他們摸到冰塊時說「很冰吧？」，像這樣做出認同的回應，孩子就能開始理解「痛」和「冰」等抽象詞彙的意思。

盡量接納孩子的要求

接下來寶寶所學會的「指東西」行為，代表著「要求某樣事物」。

開始能夠吃副食品後，父母會慢慢給孩子吃各種食物，而他們如果有想吃的東西，就會指出來，表達自己的要求。

也會有指著玩具，想要父母把它拿過來的情況。

遇到孩子的這種要求，請盡可能回應他們。

對嬰幼兒來說，能夠表達自我意識是一個重大的里程碑。

假如父母確實地給予回應，會讓孩子覺得「自己受到重視」，這將有助於建立他們的自我認同感。

透過認同來學習如何與他人接觸

1歲以後的幼兒對自己感興趣的事物，會開始希望爸爸媽媽也能有所認同。

例如：寶寶聽到電視在播自己喜歡的歌曲，會開心地指著來源，此時周遭的大人可以說「好快樂的歌喔！」、「這是叫做〇〇的歌對吧？」等，來回應他們。

這樣做的話，寶寶會理解、學習到他人跟自己的連繫，對學習揣測他人的心情而言，是個很好的訓練。

此外，幼兒在1歲後，對語言的理解力也提高了，面對大人的問題能夠把答案指出來。

如果問寶寶「你想吃哪個？」，他們就會指出來，藉此表達自己的選擇。也就是說，他們開始能夠與他人互動。

對寶寶來說，用「指東西」來進行互動，等同於自己的想法有被好好地聆聽，這會讓他們覺得無比高興。

希望各位家長不要隨便應付孩子，請好好重視跟他們之間的互動。

發現有害怕的事情該怎麼辦？

大多數的事會隨著時間過去愈來愈熟練

從1歲起，寶寶能慢慢開始說出類似句子的話，長期記憶能力（能保持數分鐘到數個月的記憶）開始逐漸發展。

也正是在這個時期，他們會感受到「害怕」及「不喜歡」的情緒。以家長的角度來看，可能會覺得「咦，居然害怕這個嗎？」而覺得有趣。每天都會想著「不知道孩子今天又有什麼變化？」而樂在其中。

像我家女兒，突然開始害怕之前一直摸習慣的蜜蜂布偶。

有可能是因為有人告訴過她「會被叮喔！」，或模仿過這個動作。雖然不知道具體經過，但她確實「認知」到這件事情。

令人「害怕」的刺激跟性命安危息息相關，因此較容易保存在長期記憶中。每當看到或聽到相關事物，便會回想起相關記憶，同時感到恐懼。

女兒的這個狀況大約維持了1個星期。

可是，等她慢慢習慣之後，便又可以正常地去摸蜜蜂布偶了。

這種傾向叫做「習慣化」。

因為每天都會看到，習慣了「這個蜜蜂布偶不會做出什麼危害我的事情」的刺激，而不再做出恐懼等反應。

假如在接受同樣刺激的過程中，每次都表現出恐懼或驚嚇的反應，這樣人體會耗費大量的能量。所以，人類是在利用「習慣」這件事情，去防止能量的流失。

寶寶在日常生活中，遇到陌生或是不清楚事物的頻率，是大人無法相比的。因此，去「習慣」各種事物的過程是不可或缺的。

如何消除「疼痛」、「害怕」等先入為主的觀念？

另外，幼兒也常常會對日常習慣產生「不喜歡」的感覺。

舉例來說，當我想幫女兒刷牙的時候，她便會開始哭。

雖然她喜歡咬牙刷，但刷到門牙時，不知道是不是覺得痛，所以會非常抗拒。

像這種日常習慣，需要父母滿懷耐心、不斷溫柔地跟孩子溝通。「很舒服喔！」、「好好玩喔！」可以像這樣一邊跟孩子聊天，一邊陪他們刷牙（為了不弄痛孩子，在過程中必須注意力道）。

當然，並不是這樣做了之後，孩子的態度就會馬上有所轉變。

重點在於，幫孩子建立一個「刷牙很好玩」的印象，讓他們慢慢加以習慣。

要是父母動不動便生氣，斥責孩子「乖乖的不要動！」，只會加深孩子對刷牙的恐懼及抗拒感，造成反效果。

此外，父母在孩子面前開心地刷牙，也會有正面的影響。他們都會十分留意，並且想要模仿父母的行為。

如果孩子討厭吹頭髮，一邊跟他們說「吹風機很好玩喔！」，一邊在他們面前像平常一樣吹頭髮，也有助於減低孩子的抗拒感。

當幼兒對事物感到「厭惡」或「害怕」的時候，請各位家長給予他們慢慢習慣的時間。就算大人告訴他們「這不可怕」、「不會痛」，孩子也不可能像個開關一樣，馬上就能改變。

花時間慢慢習慣是必然的。當寶寶抗拒做某些事情時，請記得他們只是「大腦尚未習慣」而已。

學會說話後，試著問問題吧！

若自己想出答案，能讓滿足程度提升

到了2歲左右，寶寶開始能與人進行互動（在此之前，即使能夠表達自我，但「自主思考」這部分尚未穩定）。

等到他們的理解能力日漸提升，爸爸媽媽就可以透過「問問題」來進行親子互動。

2、3歲左右能開口說話之後，不少幼兒開始學會說「謝謝」。

例如，從奶奶那裡得到了點心。

在這個狀況下，倘若是已經學會說「謝謝」的孩子，父母與其督促他說「謝謝」，倒不如趁機發問：「要回答什麼呢？」

因為「自己想出答案」能讓孩子感到更加滿足。

「要回答什麼呢？」、「要怎麼辦呢？」這類誘導孩子自主思考的問法，更能刺激他們的大腦發展。

當孩子順利說出答案，大人再給予稱讚，便能刺激多巴胺的分泌。

答錯也絕對不能否定孩子

如果孩子說出父母預期以外的錯誤答案，千萬不能加以否定。不要告誡他們「答錯了」，而是要溫柔地提示「嗯，是這樣嗎？」來與孩子進行溝通。

當別人問孩子「你幾歲了？」這個問題、孩子猶豫著要比出2隻或3隻手指時，不妨稱讚他們會用手指比數字，或直接告訴他們答案。

與幼兒進行互動時，重點在於讓他們產生安心感，使他們知道「做錯事也沒關係」、「可以說出自己的想法」。

做錯事時會害怕受責備的孩子，在成長過程中產生羞恥心以後，會開始怯於說出自己的想法，對於任何問題都只會回答「無所謂」、「都可以」。

這是因為他們對於做錯事、說錯話會感到羞愧。

如何回應孩子的問題？

父母不只要透過發問來讓孩子練習自主思考，當孩子問問題時，也必須慎重地加以應對。隨著成長，他們會愈來愈常對父母發問。

隨著語言能力、理解力、記憶力的提升，孩子開始會問自己想知道的事情，並大量吸收這些所見所聞。

滿2歲之後，閱讀故事書等書籍時，他們會不斷指著同樣的東西問：「這是什麼？」

滿3歲之後，會開始進行各種發問，像是「媽媽，妳在做什麼？」、「為什麼不能吃掉？」、「為什麼蟲蟲會飛？」等，孩子只要看見什麼，就會用來問問題。

當孩子不斷問著各種問題時，周圍的大人可能會感到疲於應付。

然而，要是用置之不理的態度回答「昨天說過了」、「安靜一下」、「不知道」，孩子就不敢再輕易發問了。

假如知道答案，請直接回答孩子，不知道答案，則不妨溫柔地跟他們說「對啊，到底為什麼呢？」、「你覺得呢？」、「等等來查看看好了」。

孩子之所以會問問題，有時只是單純感到好奇，不過也有可能出自「**想跟父母說話**」、「**想測試父母會不會以自己為優先**」這一類的慾望。

因此，即使時間不長，假如有好好正面回應孩子的問題，便能提升他們的自我認同感，連帶建立起自信心。這麼一來，就能刺激多巴胺的分泌，使前額葉與腦神經更加發達。

記者池上彰在電視節目擔任主持人時，面對名嘴的提問，總是會以「這是個好問題！」來回應對方。

此舉能讓發問的人覺得「可以抱持這樣的疑問也沒關係」，並產生自信心。

若是回答「連這種事情都不知道？」、「這是錯誤的想法！」等，則會讓對方變得不敢輕易發問。

即使孩子提出觀點錯誤的發言，爸爸媽媽首先還是要認同他們，且給予肯定。

第4章

不被牽著鼻子走！如何面對孩子的自我主張？

害怕、好奇、鬧脾氣……該如何應對？

反抗期會隨著大腦發達而結束

人類原本就討厭聽從命令

到了2歲左右，寶寶便會進入反抗期。

所謂的反抗期，是指孩子的自我意識變強，無論父母說什麼，都會出現反抗態度的時期。

「穿上襪子」、「我不要！」。「去洗澡」、「我不要！」。會像這樣開始不肯聽父母的話。

之所以會出現這樣的狀況，是因為他們的大腦前額葉尚未發達。

前額葉主要掌控自我的原始慾望、恐懼感等情緒，出社會後要與周遭的人建立良好關係，與前額葉的發展息息相關。

人類受到命令時，在本能上會反射性地感到抗拒。

前額葉若不發達，就會無法掌控這些本能，因而出現不配合的反應。

因此，**只要讓大腦的管理中樞好好發育，反抗期便會自然結束。**

事先約法三章，便能有效降低「抗拒感」

話雖如此，站在父母的角度，與處在反抗期的孩子進行溝通會產生極大的壓力。

要緩和孩子的反抗態度，其中一個做法便是「事先約法三章」。

例如：要讓孩子用電腦觀看喜歡的影片時，拿著時鐘與孩子約定：「長針指到這裡時就要關掉喔！」

然後等到時間到時，再拿時鐘給孩子看，告訴孩子：「時間到了，要關掉囉～」

因為才2歲，孩子無法馬上理解，有可能還是會出現反抗的態度。

但是，**因為有事先約法三章，能減少被要求做自己不想做的事情時產生的抗拒感。**

如此反覆溝通，便能夠有效鍛鍊前額葉。

對前額葉加以鍛鍊，可增加孩子的社會協調性，是十分重要的過程。

趁早培養自制力，將來受益無窮

雖然非本書所欲論述的年齡，有個以4歲孩童為對象的著名實驗，名叫「棉花糖實驗」。

由心理學家沃爾特・米歇爾所發起，1960年代末在史丹佛大學賓恩幼兒托育中心進行了這個實驗。

一開始先在室內的一張桌子上放置棉花糖。

接著告訴孩子「如果在15分鐘內沒有吃掉這顆棉花糖，會再給1顆棉花糖」，

〈透過事先約法三章來減輕壓力〉
吃完點心
就來刷牙吧！
好〜

並且讓他們獨自待在室內，最後，在15分鐘內沒有吃掉棉花糖的孩童人數，佔整體的3分之1。

換句話說，3個孩童中有1個孩童為了得到未來更大的利益，壓抑住現在想要吃掉棉花糖的慾望。

然後在20年後進行追蹤調查，發現棉花糖實驗中成功忍耐住衝動的孩童，具有以下這些特點：

- 肥胖的不多
- 濫用藥物的比例低
- 比較早有所成就
- 學力測驗的分數高

這個實驗證明了在年幼時期培養自制力，能讓前額葉的運作更為活躍，有助於未來的腦力提升。

要培養自制力，在遊戲中盡可能加入「不能做某些事」的規定，將更具效果。

例如：當孩子在不適當的場所奔跑或跳舞時，突然出聲制止、讓他們停止動作，或是玩小朋友最喜歡的「一二三木頭人」。

另一方面，只想讓孩子聽令於自己、採取高壓式管教的父母，或是忍不住處處幫助孩子、過度保護的父母，在這類父母的照顧之下，孩子往往難以培養自制力，在教養上必須格外留意。

「清晰具體」、「能有所共鳴」的表達方式更容易傳達給對方

表達的方式會影響寶寶的反應

滿2歲以後，幼兒會擁有一定程度的記憶力與理解力。因此，不光是父母對孩子說了什麼，「如何傳達的」對他們也會產生極大的影響。處在反抗期的孩子，倘若行動受到限制，或是被他人命令時，容易採取反抗的態度，所以要避免使用「不准」、「快去做」等強硬的口吻，比較能減少他們的反彈。

訣竅在於，盡可能使用「清晰具體」、「能有所共鳴」、「讓人開心」的表達方式去傳達給孩子。

「不容分說」、「強硬要求」只會造成混亂的局面

例如：在超市或醫院要求孩子「不准奔跑」時，因為行動受到限制，孩子會表現出抗拒。

如果還用「剛剛不是說過不行這樣嗎！」這種不容分說的態度，往往會讓他們產生更強烈的反抗意識。

在這種時候，可以告訴孩子**「很危險，我們用走的吧～」向他們清晰具體地說明原因，才能避免讓孩子產生被否定的感覺**（小兒科的牆上經常也會貼著這樣的表達方式）。

當孩子感到不開心、鬧脾氣時，抱起他們輕聲說「我們小聲說話吧～」，也能讓孩子不自覺地放低音量。

假如同樣的狀況反覆發生，「在這種時候，要怎麼辦呢？」不妨如此詢問孩子，讓他們能夠選擇要採取什麼樣的行動。

比方說，當孩子對朋友做出打人的行為時，必須給予他們一點緩衝空間，而非立刻

出聲斥責他們。

可以先以「你想要他借你玩具嗎？」的詢問方式，代替孩子表達出他們的心情，或者使用能使孩子感覺「受到認同」的話語。

幼兒還不知道如何透過語言，正確地傳達自己的心情與狀況。

因此，**假如父母能說出「我了解你的心情喔！」、「我知道你這麼做是有原因的」並予以接納，就不會讓孩子產生悲傷的情緒。**

還有，如果能告訴孩子「可是你打他的話，他會痛痛喔！」，那麼孩子也會更容易理解與接受。

別採取強硬的態度，而是在對話上多

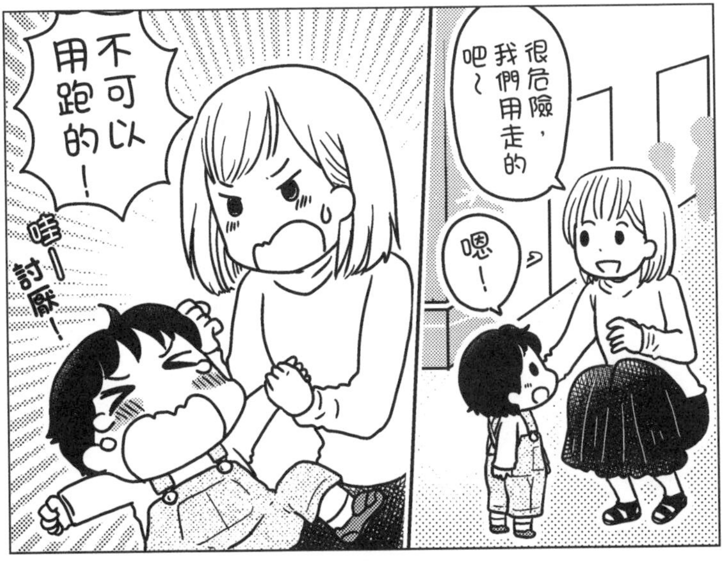

加留意，這樣一來，就能鍛鍊到幼兒的大腦前額葉，使他們更容易發展出社會性。

時間觀念尚未成熟，說「快點」行不通

此外，像吃飯這類需要花費一定時間才能達成目標的事情，做之前必須預留充裕的時間。

幼兒跟大人的不同之處，在於不會預估所需時間，會直接採取行動，所以無法從未來去逆向推算時間的安排。

要配合大人計劃的時間表行動，對他們來說是相當困難的事情。

在此舉個例子。

即使告訴孩子「快點吃吧！」，他們也會對「快點吃」這件事情難以理解，或是可能產生遭到否定的感受。

因此，建議採取在當下讓孩子感到開心的表達方式，例如：「蘋果很好吃喔！」、「吃完後我們一起玩吧！要玩什麼呢？」，促使孩子採取行動，而不是急著讓他們建立時間觀念。

再者，幼兒對於每一項事物，能夠集中注意力的時間非常短暫。哄個老半天還是不願意吃的時候，我認為可以先將吃飯時間訂成頂多30分鐘，超過30分鐘後就不用再勉強孩子吃。

忍不住對孩子動怒時……

嚴厲斥責會產生3個壞處

即使已經說過一次，幼兒也無法馬上就做到。

在教導他們什麼事可以做、什麼事不能做的時候，傳達上必須抱持著十足的耐心。

話雖如此，由於孩子的任務就是接收並處理各種感受，因此會在毫無惡意的情況下，接連發起令人困擾的行動。

像是亂丟食物、遇到不開心的事情大聲吵鬧等等……遇到這些不得不處理的情況時，許多父母會動怒或感到不耐煩。

但需要注意的是，請不要任憑情緒失控去嚴厲斥責孩子的行為，且持續下去成為常態。

由於工作記憶（Working Memory）能力較弱的緣故，孩子會將大部分的事情都遺忘掉，但就記憶的機制而言，像恐懼和疼痛這類攸關性命的事情，則較容易記住。

若留下與恐懼、疼痛相關的記憶，將有以下3個壞處：

〈壞處①〉看父母的臉色行事

一旦「不要惹爸爸媽媽生氣」成為行動準則，孩子就無法盡情地活動或表達自己的意見。

如果在這個年紀缺乏必須接收的資訊量，就容易導致腦部發展遲緩。

〈壞處②〉造成大腦混亂

孩子在感知到恐懼或疼痛時，出於本能會向家長尋求協助，但如果造成恐懼感的原因來自於家長，他們就會失去歸屬之處。

當混亂的感覺轉變成壓力，就會大量分泌一種名為「皮質醇」的荷爾蒙來保護身體；但另一方面，倘若讓腦神經細胞長期暴露於皮質醇的環境之下，就會引起腦神經細胞萎縮。

〈壞處③〉誤以為「除了使他人恐懼和疼痛以外，沒有其他解決問題的方法」

尤其如果持續施行「打孩子」等體罰，會使孩子誤以為解決紛爭除了讓對方感到疼痛之外別無他法。這樣一來，可能會導致他們在未來出現更多問題行為，或是無法與朋友建立良好的關係。

無須責怪自己，準備好應對方法

話雖如此，在忙亂不堪的生活中要照顧尚未懂事的幼兒，父母也需具備相當高的自制力才能避免感情用事。

其中，也有持續大哭大鬧數小時，讓父母束手無策的孩子。因此也有可能發生父母忍不住打了孩子的情況。

育兒的過程需要耐心，當自己的孩子不聽話或放聲哭泣時，我們就會反射性地迸出不耐煩的情緒，並且出聲斥責。

這股煩躁感是因為我們大腦的邊緣系統出現失控，因此就生物學理論來說，是無可避免的事。

雖然大腦的前額葉會以理性去控制情緒失控，但卻需要花費約6秒的時間才能啟動控制機制。

所以，**假如突然間被憤怒所控制，感覺「自己有可能會對孩子動手」時，請一邊深呼吸，一邊從1數到6吧！**

這麼做就能有效抑制煩躁的情緒。

外出時，孩子要是因為過於興奮而大聲吵鬧的話，父母不僅會在意周圍的眼光，內心也會產生動搖。

像這種時候，如果有應對方法就會比較安心。

最有效的方法是隨身攜帶能「轉移注意力」的小東西或食物。

由於幼兒的短期記憶能力較弱，只要將他們喜歡的東西藏起來就會哭泣。但如果能讓他們的注意力轉移到其他事物上，大多都能忘記先前所發生的事情。

舉例來說，在電車上經常能看到對吊環興致勃勃的孩子。

他們哭鬧著說「想摸那個～」而令父母感到不知所措。此時可以問孩子「有沒有人想喝茶～？」，就能藉此轉移他們的注意力。

或者，將孩子的臉朝向看不見吊環的方向，抱起來輕輕搖晃也會有所幫助。

如果是年齡更小、尚未擁有自我意識的孩子在哭鬧，只要抱著他們並輕聲詢問「怎麼了？」、「想睡了對吧？」，就能減輕他們當下所遭受的壓力。

這就像是母親在幫孩子吸收壓力的感覺。

嬰幼兒會對母親的聲音感興趣，因此也更容易平靜下來。

第5章

希望孩子變得正向積極，並且受人喜愛！

從嬰幼兒時期開始累積經驗值吧！

培養自信心的泉源「自我認同感」

從父母身上獲得充足的愛是基本條件

對孩子來說，自信心十分重要。

如果沒有自信心，會變得不擅長主動挑戰事物、探求事物，也會影響人際關係的建立。

因此，**從嬰幼兒時期開始，就要先培養孩子的自我肯定感，使他們了解「自己是值得被重視的」。**

平常要經常對孩子說「好可愛！」、「最喜歡你了！」等話語，在哭泣時立刻幫他們更換尿布，或給予擁抱，這些都是愛的表現。

孩子會不時地從父母的行為與話語當中，推測自己受到重視的程度。

如果判斷出自己沒有受到重視，那麼他們將會愈來愈缺乏表情，反應也會變得遲鈍，甚至出現腦部發育遲緩的可能性。沒有受到重視，就代表幾乎喪失了所有能鍛鍊五感的良好刺激。

對孩子而言，判斷「自己是否受到重視」的最主要依據，便是來自於被爸爸媽媽疼愛這件事情上。

重視每一小步的累積

此外，效果僅次於父母的愛，能夠增強自信心的，就是成功的經驗。

每當學會打開蓋子、用杯子喝水，或是夾起豆子等簡單的小事情時，幼兒的腦部都會分泌多巴胺。

寶寶的成長是由每一小步逐漸累積而成的，即使是再微小的事情，也要記得對他們說「做到了耶！」、「太好了！」，像這樣給予稱讚，便能增強他們的自我肯定感。

相反的，如果因為失敗而加以責備的話，他們會漸漸不敢表達自我。

為了避免被貶低或被責罵，而開始看父母的臉色。
前面也有提過，孩子並不是「做不到」，只是「還不適應」。

經驗愈多，對挑戰的抗拒感也會降低

人類存在著追求新鮮感的特質。
這意味著「在面對新的事物時，是否能不在意風險並勇於挑戰」，據說會根據遺傳基因而有所差異。
追求新鮮感特質較弱的人，會因為在意風險，面對挑戰時容易變得戰戰兢兢。
而追求新鮮感特質較強的人，由於能靠好奇心戰勝恐懼，所以能夠積極挑戰新奇的事物。
如果要說哪一種人能過著比較好的人生，會變成一種結果論，因此不能一概而言。
然而，跟只會說「做不到、好可怕、不想失敗」而裹足不前的人相比，不畏懼改變與進化，並且能夠逐步適應環境的人，在局勢動盪的社會中會更容易立足。
而且這份特質上的差異也能夠靠經驗來補足。

若一個人能從嬰幼兒時期開始，持續獲得父母充分的愛，對於冒險產生的恐懼感將會有減少的傾向。

這是因為即使挑戰過程或結果不順利，也能夠相信自己是有價值的。

由於做任何事情都能獲得關注，並承受了各種不同的刺激，因此在迎接新的事物時，產生的恐懼感就會減少。

同樣的道理，自孩提時期就被備受寵愛的人，也比較不容易對人類感到膽怯。

因此，父母在孩子還小的階段，能夠給予他們的東西可說十分重要。

什麼是嬰幼兒的笑容機制？

為了得到周遭人們的溫柔對待

對甫出生的嬰兒而言，父母所投注的愛可說是救命繩索也不為過。因此，他們從父母身上獲得愛的方法，被認為自出生時便已經學會。

不過，即使爸爸媽媽對出生後約0～2個月大的寶寶露出笑容，他們也無法馬上以笑容回應。

這是因為大腦的機能尚未發達，所以無法做出反應。

然而，寶寶在睡覺的時候卻會突然綻放笑容。

他們露出笑容並非是對某件事物做出反應，而是因為臉部肌肉出於本能鬆弛下來，才會看起來像是笑臉。

據說嬰兒在本能上清楚，如果露出笑容，周遭的人們就會溫柔以待，因此為了自保才會產生這樣的現象。

這也代表他們是多麼渴望得到愛與安全感。

嘴角上揚自然就會變得很開心

嬰兒在出生約2個月以後，就會開始自己笑（也可能是3～4個月大以後），這叫做「社會性微笑」，只要他們看見周遭人們的笑容（特別是嘴角），就能跟著模仿並反射性地露出笑容。

因此，他們並不是因為能認得父母的臉才笑出來的。

不過對他們來說，笑這件事情是大腦需要接收的重要資訊之一。

一笑，嘴角就會上揚。

當接收到「嘴角上揚」的肌肉動作以後，大腦便會賦予這個動作意義，認知到「嘴角上揚就代表現在很高興、很開心」。

如此一來，嬰兒每次笑的時候，就會漸漸產生高興、開心的情緒。

這種舒服愉快的刺激，能促進他們的腦部發育。

事實上，嬰兒對人類臉部的動作十分敏感。

只要大人常常對寶寶做出誇張的笑容，或是露出開心的表情給他們看，他們也會皺起臉跟著一起笑。

根據媽媽的表情去判斷狀況

此外，寶寶會在出生約5個月後開始產生「視覺意識」。

視覺意識是指看見某個東西後，能夠記住「看到的東西」的能力。

在此之前，他們看到的東西通常會在下一秒就忘記了。

所以無論看過幾次父母的臉，都無法記住他們的容貌。

但是，約5個月大之後，寶寶就會開始認得母親的容貌，並且分辨得出「媽媽正在笑」。

看見最喜歡的媽媽在笑，並且確定「現在感到很安心」時，他們也會跟著一起展露笑容。

寶寶可以根據母親的表情來判斷狀況，真的是件很了不起的事情。即使還不會開口說話，他們還是會仔細觀察，並敏銳地感知狀況。

此外，若能夠記住看到的東西，就會對沒有看過的東西變得很敏感。因此在這個時期，也會開始對陌生人和陌生的環境感到膽怯。

如果遇到這樣的情況，爸爸媽媽等熟悉的人的笑容，將能夠舒緩他們的恐懼感和戒心。

肢體接觸能培養好奇心

得到擁抱後就能前去探索

寶寶如果沒有獲得父母足夠的擁抱，會無法產生「已經確保有個能夠信賴且溫暖的地方」的念頭，連帶無法培育好奇心。

因此，擁抱孩子時，不妨抱到孩子開始想掙脫，並表現出「已經夠了，我要去玩了」的樣子。

透過擁抱獲得充分的愛之後，孩子就會想離開父母的雙手，前去探索世界。

不過，他們的探索範圍也只限於父母的眼睛能看到的地方。

對寶寶來說，即使只是到隔壁房間感受跟剛才不一樣的地板觸感，或是跟陌生人接觸，都是一種很可怕的體驗。

如果看不到爸爸媽媽的身影，他們就無法進行探索。

一旦開始冒險，他們就會立刻想回到父母身邊。

學會爬行的寶寶，要是看到父母的身影逐漸遠去，便會死命地在後面追趕。

假如讓他們獨自一人留在房間內，他們只會在自己所知的範圍內行動。

所以，也可能發生待在原地無法動彈的情況。

對寶寶而言，眼前的世界到處充滿著未知的事物，在這樣的情況下，恐懼感會凌駕其他所有感覺。

因此，如果感到些許不安，他們就會向父母尋求擁抱，透過擁抱來減輕不安的感覺，藉此跨越恐懼，增加行動的機會，並增進腦部發育。

如果只能選一個，比起「牛奶」更想要「溫暖」

肢體接觸對嬰幼兒來說，最重要的就是能使大腦發達，並奠定將來提升溝通能力的基礎。

美國心理學家哈里・哈洛（Harry F. Harlow）就利用幼猴，針對肢體接觸的重要性進行了相關研究。

他在飼養幼猴的籠子內，同時放入這些物品：

- 觸感不佳，但「會提供牛奶的鐵製玩偶」
- 觸感舒適、適度保溫，但「不會提供牛奶的布製玩偶」

接著觀察幼猴的行動，看牠會對哪一個玩偶表現出好感。

結果，幼猴大部分的時間裡都緊緊抱著不會提供牛奶，但能感受到溫暖的布製玩偶不放。

從這個研究結果可以得知，像布製玩偶一樣令人安心的溫暖感受，對嬰幼兒來說十分必要。

在沒有愛的環境下成長，會無法理解他人的情感

其實，這個實驗還有後續發展。

由玩偶養育的幼猴，在長大後跟由母猴養育的普通猴子進行了比對研究。其結果顯示，跟母猴養育的猴子比起來，玩偶所養育的猴子具有攻擊性，而且更難融入群體。

被玩偶養育的猴子，由於主宰創造性和理性的前額葉發育不良，因此無法推測他人的情感。

綜合以上論述，對寶寶的社會性發展而言，「溫暖」和「愛」是非常重要的元素。在

得不到愛的環境下成長，也代表能夠滿足自我慾望的機會變得非常少。

相對的，這會造成腦部發展遲緩、缺乏社會性，將來的人際關係也可能會出現問題。

愈怕生的孩子，興致愈是高昂！

增加接觸人群的機會吧！

溝通能力並不是什麼都不做就能夠自然學會。一開始要以父母為對象，接著慢慢增加與人相處的經驗，藉此才能持續培養。

我經常會在散步時，順便帶著孩子一起到公園去。因為在公園內不僅能看到很多人，我也想多製造一點機會讓其他人向孩子搭話，或是讓孩子跟年齡相近的小朋友們接觸。

若是遇到年紀比自己小的孩子，他們可能也會以小孩子的方式想去照顧或教導對方。

雖然對陌生人或陌生環境極度膽怯的孩子需要慢慢適應，但與人接觸的機會愈多，受到的刺激便會愈多，腦部也會更加發達。

累積許多交流經驗的孩子，會藉由溝通行為產生多巴胺，變得較不容易膽怯，好奇心也會更加旺盛。

如果父母不擅長帶孩子出門，或是本身不喜歡與人群相處的話，我認為也可以早一點讓孩子進入幼兒園，把他們交給專業人士照顧。

一開始先不要看著孩子

有些嬰兒在約5個月大時，就會開始認人。

怕生、認人是一種好奇心與恐懼感互相拉扯的狀態。

通常愈怕生的孩子，對陌生人抱持的戒心愈強烈，但同時想接近對方的欲望也會相對強烈。

然而，如果在還沒熟悉對方之前就被碰觸，突然襲來的恐懼感就會勝過好奇心，而讓孩子嚎啕大哭。

若想緩和這種怕生的情緒，只要周圍的大人不看著孩子的眼睛就行了。

一旦有眼神交流，大腦的扁桃體（將情感記憶加以連結的中樞器官）就會開始運作，使孩子感到害怕。

眼睛的視線在本能上會帶給人類恐懼感。

大人只要透過大腦前額葉的運作去判斷「對方並不危險」，就能抑制恐懼感（話雖如此，即使是大人，也常於初次見面時下意識地撇開視線，在對話進行的過程中才會逐漸有眼神交流）。

但是，由於寶寶的前額葉尚未發育成熟，因此無法克制突然湧現的恐懼感。

如果周遭的人們能夠對孩子採取不在

意的態度，那麼他們就能安心地觀察這些人，並且會在對方沒看著自己的時候一直盯著對方瞧。

此外，**嬰兒通常會透過觀察母親的反應，來判斷目前的環境是否安全，以及眼前的人是否危險。**

只要是看起來與媽媽相處融洽的人，寶寶也會更容易認為是安全的人。

當他們要跟不認識的人見面時，陪同在旁的媽媽可以儘量露出笑容、展現友好的相處態度，這會是個不錯的方法。

催產素能使情緒安穩，提升積極程度

成為親子信賴關係的根基

擁抱寶寶或溫柔地對他們說話，便容易和他們建立起愛和信賴的關係。這是因為給予擁抱的爸爸媽媽，以及被擁抱的寶寶，親子雙方都會分泌出「催產素」的緣故。

催產素是能夠緩和壓力、帶來幸福感的一種荷爾蒙。目前已知若以人為方式在鼻腔內噴入催產素，就會對大腦產生作用，使人容易對眼前的對象無條件產生信賴感。

舉例來說，進行分娩、哺乳、肢體接觸、按摩、擁抱、性行為時，都會分泌催產素

（尤其分娩時會分泌大量的催產素，能使母親戰勝劇烈的疼痛，並無條件信賴和深愛自己的孩子）。

因此，如果能以哺乳、換尿布、擁抱、溫柔按摩等方式來照顧孩子，無論是給予照顧的父母或被照顧的孩子都會分泌催產素。

體內能夠分泌適量催產素，也就是在成長過程中獲得了充分關愛的寶寶，表情會變得更開朗、情緒也更穩定，而且變得更加積極。

避免用咄咄逼人的態度對待孩子

然而，照顧嬰兒是件苦差事，所以父母的精神狀態也有可能變得不太穩定。

如果照顧者的心情持續處在極度緊繃的狀態下，催產素的分泌量便會減少，因此內心儘量保持輕鬆自在非常重要。

舉例來說，假如母親為母乳不足而煩惱，或是身體已經疲倦不堪，卻還勉強自己在半夜爬起來等情形持續發生的話，用牛奶代替母奶也未嘗不是個好辦法。

不僅可以讓父母共同分擔餵奶的職責，而且父親體內也會分泌催產素，進而加深跟孩子之間的信賴關係。

另外，有資料顯示「飲用母乳的期間愈長，愈能讓智商提高」。

這是指若在嬰兒甫出生後數個月只哺餵母奶，並且在1歲過後也持續提供母奶的話，就能提高他們的智商和語言能力。

但是，並不一定要完全做到才會有效果。

即使一天一次也行，只要讓孩子含著乳頭就可以了。

比起這個，照顧孩子時父母是否能保持內心的餘裕，用滿滿的愛來和孩子相處更為重要。

會對非同一陣線的人展現嚴厲的一面

此外，催產素的另一個作用是，會讓當事人對關係不好的人表現出攻擊性，或是想予以排除。

這都是為了要保護自己心愛的事物。

因此若父親持續顯露出缺乏關愛的態度，那麼母親也有可能為了保護孩子，而對父親擺出一副嚴厲的姿態。

這樣一來，孩子的情緒也會變得很不穩定。

所以，我希望各位家長一定要謹記，以充分的愛來同心協力照顧孩子。

在3歲以前奠定人際關係的基礎

一切皆源於有爸爸媽媽作為安全堡壘

截至目前為止，我在這本書中已經告訴大家與嬰幼兒溝通的重要性。

相反的，假如父母沒有積極對孩子投注關愛的話，又會發生什麼事情呢？

如同我至今所說的，與孩子建立信賴關係的基礎在於，要經常有眼神交流、多多接觸和笑顏以對。

此外，透過擁抱、哺餵母奶或更換尿布等悉心照顧，雙方體內都能分泌被稱為「愛的荷爾蒙」的催產素。

由於孩子藉由這些行為，從父母身上獲得了充分的愛，親子之間就能形成一種安定的羈絆。

而他們也能確實獲得「只要待在這裡，自己就能受到保護」的感受。

相對的，若缺乏這樣的互動，孩子就會難以感受到與父母之間的連結。

假如和孩子在一起時，父母都只看著手機，或是即使孩子哭泣也依然置之不理的情況變得習以為常時，孩子就會覺得自己並沒有受到重視，而且不再期待能夠從父母身上得到愛。

「不再期待能夠從父母身上得到愛」的孩子，會無法安心向父母撒嬌，就連仰慕父母或哭著向父母求助的情形也會愈來愈少。

如果從這些事情上判斷這個孩子「照顧起來很省事」，其實是很輕率的想法。

事實上，這是因為孩子內心無法培養自我認同感，產生不了「自己對父母而言是很重要的存在」的想法，而呈現出來的一種極不穩定的狀態。

光是待在一起無法學會「距離感」

如果環顧電車內的環境，會發現有很多父母用左手牽著孩子，但右手卻在玩手機。而這樣的情景，恐怕也同樣發生在他們家中的沙發上吧。

要是與孩子一同玩耍比起來，父母更加沉浸在社交軟體和社群網路遊戲之中，不僅無法培養孩子的自我認同感，也會導致他們的語言能力發展遲緩。

南加州大學（USC）於2017年4月進行的一份調查報告中發現，針對「有時候會覺得父母比起自己，更重視手機」這個項目，回答「是」的日本小孩有20％，美國則僅有6％。

和美國比起來，日本竟然有大約3倍的小孩認為「父母覺得手機比自己更重要」。這對他們來說是非常不幸的事情。

即使父母沒有惡意，但假如孩子像這樣在與父母連結薄弱的環境下成長，就會變得無法理解人與人之間的距離感，也可能提高將來無法順利建構人際關係的可能性。

據說大約到3歲為止，孩子和父母的關係會影響他們往後的人際關係，因此父母必須好好盡到身為安全堡壘的責任。

依賴周遭的人，也是父母的重要技能

此外，孩子如果沒辦法從父母身上得到愛的話，也會為腦部帶來損傷。

若是被放置在會感到不安的環境，因而產生壓力時，便會分泌名為皮質醇的壓力荷爾蒙。

皮質醇是一種為了應對產生壓力的緊急情況，而分泌的荷爾蒙。

另一方面，皮質醇也會損害大腦的神經細胞，使得作為大腦司令塔的前額葉產生萎縮。

假如前額葉的體積變小，便會妨礙思考，並且使人難以抑制自己的情感。

日本福井大學的友田明美教授指出，曾經遭受過漠視與虐待的小孩，前額葉有變小的傾向。

此外，也已得知「言語暴力會使聽覺皮層變形，而導致聽力減弱或無法順利溝通」、「若目睹家庭暴力事件，視覺皮層會縮小，致使當事人難以理解他人的表情，人際關係也會變得不順利」。

讓孩子處在有暴力言行的環境之中，將會引起比我們想像中還要嚴重許多的後果。

所以，一旦發現他們處在惡劣的環境之下，父母和周遭的大人們必須儘早帶他們遠離才是。

如果很難帶孩子離開，也千萬別獨自承擔一切，重點是要向周遭的人求助，或利用相關機構尋求解決之道。

〈本書中出現過的嬰幼兒發展月齡表〉

1 個月	【念書】睡覺時會享受父母念書的聲音
2 個月	會發出聲音與父母互動
3 個月	建立早上起床、晚上睡覺的生活作息
3 個月	眼睛會追視床邊音樂鈴
4 個月	會滾動寶特瓶來玩
5 個月	會記住看過的東西
5 個月	當孩子坐下時，可以支撐他們的骨盆（學會坐下後）
5 個月	可以玩平衡球（學會坐下後）
5 個月	【念書】從後方抱著孩子，一起閱讀故事書
5 個月	【念書】開始和孩子進行培養後設認知的對話
6 個月	會模仿父母
6 個月	會玩塑膠袋做成的氣球
8 個月	會探索周圍環境（學會爬行後）
8 個月	會用手指夾取小東西（夾起豆子或撕除貼紙等）
8 個月	學會撕破紙張來玩
9 個月	能夠站在父母的腿上（學會扶著東西站起來後）
9 個月	會用手指東西來和他人分享事物
10 個月	學會堆疊積木
10 個月	會模仿鞠躬和打招呼
11 個月	會手握蠟筆畫圖
12 個月	能由父母支撐做倒立
12 個月	能由父母支撐做前滾翻
12 個月	可看手機或電視1小時以內
1 歲	會獨自走路
1 歲	會和父母玩球
1 歲半	會跑步
1 歲半	會玩貼貼紙
1 歲半	會對「停下來」的聲音做出反應並停止動作
2 歲	可以約法三章「如果……就要……」(反抗期)
2 歲	會指著故事書或圖鑑提問「這是什麼？」
3 歲	會問「為什麼？」、「怎麼會這樣？」等各種問題

※依每個幼兒情況不同而有所差異。

結語

「孩子將來成功與否，是受基因影響的比例佔比較大呢？或者其實沒什麼關聯性？」經常會有這樣的爭論。

就一個腦科學領域專家的立場來說，光憑基因並不能決定孩子的未來，也不存在無法改變的命運。

我有時候會以「水桶理論」來做說明。

無論任何人都擁有一個名為「才能（天生資質）」的水桶。水桶的尺寸會依據基因的優劣而有不同的大小，這是不爭的事實。

然而，如果想讓這份才能綻放出耀眼的光芒，就必須在水桶中注入名為努力的水。

舉例來說，假使一個人擁有跑步很快的特殊才能，卻沒有持續付出努力的話，這份才能總有一天也會被周遭的人們給埋沒。

另一方面，原本跑步很慢的人只要不斷地努力訓練，至少也會依努力的程度成為跑得快的人。

如果有兩個同樣在水桶中裝滿水的人要一決高下，那麼水桶的大小可能就是決定勝負的關鍵。

但在我們生活的社會當中，並不是所有人都會在水桶中裝滿水。倒不如說這樣的人反而很稀少，所以大部分的人都還有成長的空間。

因此，在天生具備的才能上所做的努力，會對將來的成功與否有著很大的影響。

我們這些父母能做的，就是要將自己的孩子培育成「不討厭在水桶中注入水」的人。

話雖如此，在本書中提到的0～3歲大的嬰幼兒，由於身體、智商和心靈都尚未發育成熟，所以無法藉由自己的意識做出具體的努力。因此，我才會透過這本書，寫下父母如何幫孩子在水桶中注入一點水的訣竅。

如果要問什麼是爸爸媽媽能夠在小孩人生初期做的事情，那應該就是盡可能讓他們在好的起跑點上出發，這是所有父母共同的心願。

孩子固然有自己的人生，但本身也會受到許多外在因素的影響，因此人生路上並不一定能一帆風順。

但是，父母為孩子奠下的根基健全與否，會對孩子生存的難易度造成很大的變化。

如同20年前的價值觀已經和現在有相當大的差異，現在的嬰幼兒在20年後長大成人，那個時候的社會很有可能已經變成擁有不同價值觀的世界了。

為了和那時候的社會接軌，父母的目標就是要以靈活的方式、盡最好的努力培育孩子。

對孩子而言，重要的是要能朝自己期望的方向持續努力，用自己的頭腦思考並做出實際行動，而不是與其他人比較。

如果能將孩子培育到那樣的程度，那麼不管未來會變得如何，或是科技有多進步，應該都能夠學會生存之道。

無論是誰，一開始都要從育兒新手的身分開始做起。即使過程中有不順利的地方，也只是因為「還不適應」育兒的職責而已。能夠一邊享受孩子每天的成長與變化，一邊和他們一同成長，我認為這也是身為父母的箇中樂趣。

菅原道仁

參考資料

《新手爸媽對孩子的教養及大腦培育》（暫譯）成田奈緒子／監修　主婦之友社
《醫生教你如何讓孩子長高》（暫譯）風本真吾／著　Sanctuary 出版
《大腦也有奇怪的習慣》（暫譯）池谷祐二／著　新潮社
《0～3歲給對愛就不怕寵壞》明橋大二／著　和平國際
《那些令你抓狂的日常，都是孩子的求救訊號》友田明美／著　台灣東販

〈作者介紹〉

菅原道仁

1970年出生。腦神經外科醫師，菅原腦神經外科診所院長。自杏林大學醫院畢業後，進入國立國際醫療研究中心任職，專門治療蜘蛛膜下腔出血與腦梗塞等急診腦部疾病。2000年起，進入東京八王子市的腦神經外科專門醫院．北原國際醫院任職15年，目標是建立從急救到居家療養的一貫化醫療體系。根據診療經驗，確立其「從人生目標出發」的醫療風格，提供心靈及生活方式上的醫療支援。

2015年起，在東京八王子市開設菅原腦神經外科診所，以「享受人生，達成人生目標的醫療」為宗旨，每天致力於醫療服務。針對大腦機制的解說淺顯易懂、廣受好評，並多次受邀參與電視節目。主要著作包括《你可以不必這麼浪費》、《為什麼大腦討厭它？》、《成功飲食法》(以上均為暫譯) 等。

新手爸媽的父母學講堂
腦科醫師教你掌握0～3歲關鍵期，全方位奠定孩子成長基礎！

2020年11月1日初版第一刷發行

作　　者　菅原道仁
譯　　者　池迎瑄、高詹燦
編　　輯　陳映潔
美術編輯　黃郁琇
發 行 人　南部裕
發 行 所　台灣東販股份有限公司
<地址>台北市南京東路4段130號2F-1
<電話>(02)2577-8878
<傳真>(02)2577-8896
<網址>http://www.tohan.com.tw
郵撥帳號　1405049-4
法律顧問　蕭雄淋律師
總 經 銷　聯合發行股份有限公司
<電話>(02)2917-8022

TOHAN

國家圖書館出版品預行編目 (CIP) 資料

新手爸媽的父母學講堂：腦科醫師教你掌握0～3歲關鍵期，全方位奠定孩子成長基礎！ / 菅原道仁著；池迎瑄、高詹燦譯. -- 初版. -- 臺北市：臺灣東販，2020.11
192面；14.7×21公分

ISBN 978-986-511-512-8 (平裝)

1. 育兒

428　　109015241